DEUTSCHE DEMOKRATISCHE REPUBLIK
DEUTSCHE AKADEMIE
DER LANDWIRTSCHAFTSWISSENSCHAFTEN ZU BERLIN

ARCHIV FÜR GEFLÜGELZUCHT UND KLEINTIERKUNDE

Begründet als „ARCHIV FÜR GEFLÜGELKUNDE“
im Jahre 1926 von JAN GERRIETS

AKADEMIE-VERLAG · BERLIN

1967 · 16. BAND

Herausgeber: Deutsche Demokratische Republik · Deutsche Akademie der Landwirtschaftswissenschaften zu Berlin

Chefredakteur: Dr. JOACHIM ENGELHARD

Das Archiv für Geflügelzucht und Kleintierkunde erscheint in Heften mit einem Umfang von je 4 Druckbogen (64 Seiten). Die innerhalb eines Jahres herausgegebenen 6 Hefte bilden einen Band. Das letzte Heft eines Bandes enthält Inhalts-, Autoren- und Sachverzeichnis.

Der Bezugspreis je Heft beträgt 5,— MDN.

Die Schriftleitung nimmt nur Manuskripte an, deren Gesamtumfang 25 Schreibmaschinenseiten nicht überschreitet und die bisher noch nicht, auch nicht in anderer Form, im In- oder Ausland veröffentlicht wurden. Jeder Arbeit ist eine Zusammenfassung mit den wichtigsten Ergebnissen (nicht länger als 20 Zeilen), wenn möglich auch in russischer und englischer bzw. französischer Sprache, beizufügen. Gegebenenfalls erfolgt die Übersetzung in der Akademie.

Manuskripte sind zu senden an den Chefredakteur: Dr. JOACHIM ENGELHARD, Inst. für Geflügelzucht Rottenau der Deutschen Akademie der Landwirtschaftswissenschaften zu Berlin, 3404 Rottenau, Post Loburg.

Die Autoren erhalten Umbruchabzüge zur Korrektur mit befristeter Terminstellung. Bei Nichteinhaltung der Termine erteilt die Redaktion Imprimatur.

Für jede Arbeit werden unentgeltlich 100 Sonderdrucke geliefert. Das Honorar beträgt 40,— MDN je Druckbogen und schließt auch die Urheberrechte für das Bildmaterial ein. Dissertationen, auch gekürzte bzw. geänderte, werden nicht honoriert.

Verlag: Akademie-Verlag GmbH, 108 Berlin 8, Leipziger Straße 3—4, Fernruf: 220441. Telex-Nr. 112020. Postscheckkonto: Berlin 35021. Bestellnummer dieses Verzeichnisses: 1041/16.

Veröffentlicht unter der Lizenznummer 1277 des Presseamtes beim Vorsitzenden des Ministerrates der Deutschen Demokratischen Republik.

Gesamtherstellung: VEB Druckerei „Thomas Müntzer", 582 Bad Langensalza.

Inhaltsverzeichnis

Seite

URBAN, W.
Untersuchungen über Leistungsergebnisse von Zuchttieren bei Hühnergeflügel unter den Bedingungen der Bodenintensivhaltung 3

HAYNISCH, H.
Untersuchungen über Umwelt und Leistung intensiv gehaltener Legehennen im Bezirk Rostock 41

HEIDER, G.; PRUSAS, E.
Die Verträglichkeit von Stechapfelsamen (*Semen Stramonii*) für Broilerküken 61

RUDOLPH, W.
Untersuchungen zur Frage des Schlachtwertes von Geflügel. 6. Mitt.: Der Schlachtwert als Begriff 67

LÖHLE, K.
Untersuchungen über die Muskelfaserdicke bei 10 Wochen alten Masttieren verschiedener Hühnerrassen 79

BONITZ, W.
Ein Beitrag zur Bestimmung der Befiederungsgeschwindigkeit beim Eintagsküken 93

LÖHLE, K.; MULSOW, D.
Ein Beitrag über die Befiederungsverhältnisse in verschiedenen Lebensabschnitten bei Masttieren einiger Hühnerrassen. 103

STAMER, M.
Untersuchungen über die Brutleistung von zwei White-Rock-Linien bei Rein- und Kreuzungszucht. 119

HATTENHAUER, H.; WORMANN, A.
Untersuchungen zur Hennenhaltung im Tiefstreu- und im Roststall. . . . 133

POPPE, S.; KRISTEN, H.; MEIER, H.
Zum Einsatz synthetischer Aminosäuren bei Hühnerküken. 1. Mitt.: Wirkung von L-Lysin und DL-Methionin bei unterschiedlichem Eiweißniveau. 149

THIELE, H.; ULBRICH, M.
Natriumsalizylat als Zusatz zum Fertigfutter in der Geflügelmast. 157

PRANDSHEV, I.; DRJANOVSKI, P.
Untersuchungen der Schilddrüsenfunktion mit ^{131}J bei Hühnern und Anwendung brütezeitkürzender Mittel 167

KAATZ, CH.
Heritabilität und genetische Korrelationen verschiedener Mast- und Schlachtleistungsmerkmale einer White-Rock-Linie. 1. Mitt.. 175

HATTENHAUER, H.; WORMANN, A.
Untersuchungen über die Einzelkäfig- und Gruppenkäfighaltung von Legehennen 191

NEHRING, K.; UHLEMANN, H.
Die Aufwertung von Mühlennachprodukten durch tierisches Fett. 207

Seite

POPPE, S.; KRISTEN, H.; MEIER, H.
Zum Einsatz synthetischer Aminosäuren bei Hühnerküken. 2. Mitt.: Ergänzung des Weizenproteins durch synthetische Aminosäuren 213

WITTENBURG, H.; CHUDY, A.
Zur Analytik von Hühnerexkrementen 221

KOESLING, L.
Analyse der Broilermast in drei landwirtschaftlichen Produktionsgenossenschaften des Bezirkes Magdeburg 231

HATTENHAUER, H.; WORMANNS, A.
Untersuchungen über den Einfluß verschiedener Vitamin-E-Präparate auf die Reproduktionsleistungen von Hühnern 251

RUDOLPH, W.
Schnabelanomalien bei Enten (vorläufige Mitteilung) 265

MOLKS, M.
Der Einfluß verschiedener Verpaarungsmethoden auf die Zuchtleistung beim Sumpfbiber 269

PINGEL, H.
Untersuchungen zur Durchführung des mehrfachen Hahnenwechsels in der Hühnerzucht 289

BONITZ, W.; HÄSELER, F.; REQUART, E.; KLAFFKE, S.
Untersuchungen über die Befiederungsgeschwindigkeit bei Jungmasthühnern und ihre Beziehung zur Entwicklung der Lebendmasse. 1. Mitt. . 299

LÖHLE, K.
Untersuchungen über die Fleischfarbe bei 10 Wochen alten Masttieren verschiedener Hühnerrassen 317

TEODOREANU, N.; VOICULESCU, J.; BURLACU, GH.
Untersuchungen über die Wechselbeziehung zwischen Energieumsatz, Körpermasse, Legeleistung und Federnausfall bei Plymouth-Rock-Hennen 333

POPPE, S.; MEIER, H.; KRISTEN, H.
Über den biologischen Wert einiger Futterproteine bei Küken. 1. Mitt.: Volleipulver und Magermilch 343

MEIER, H.; POPPE, S.; KRISTEN, H.
Über den biologischen Wert einiger Futterproteine bei Küken. 2. Mitt.: Extraktionsschrote und Futterhefe 353

Buchbesprechung

Seite

KLOFT, W.; MAURIZIO, A.; KAESER, W.
Das Waldhonigbuch 116

Autorenverzeichnis

Seite

BONITZ, W. 93, 299
BURLACU, GH. 333
CHUDY, A. 221
DRJANOVSKI, P. 167
HÄSELER, F. 299
HATTENHAUER, H. 133, 191, 251
HAKYNISCH, H. 41
HEIDER, G. 61

Kaatz, Ch. 175
Klaffke, S. 299
Koesling, L. 231
Kristen, H. 149, 213, 343, 353
Löhle, K. 79, 103
Meier, H. 149, 213, 343, 353
Molks, M. 269
Mulsow, D. 103
Nehring, K. 207
Pingel, H. 289
Poppe, S. 149, 213, 343, 353
Prandshev, I. 167
Prusas, E. 61
Rudolph, W. 67, 265
Requard, E. 299
Stamer, M. 119
Teodoreanu, N. 333
Thiele, H. 157
Uhlemann, H. 207
Ulbrich, M. 157
Urban, W. 3
Voiculescu, J. 333
Wittenburg, H. 221
Wormanns, A. 133, 191, 251

Sachverzeichnis

Seite

Aminosäuren, Zum Einsatz synthetischer Aminosäuren bei Hühnerküken.
1. Mitt.: Wirkung von L-Lysin und DL-Methionin bei unterschiedlichem Eiweißniveau 149
2. Mitt.: Ergänzung des Weizenproteins durch synthetische Aminosäuren. 213

Aufwertung, Die Aufwertung von Mühlennachprodukten durch tierisches Fett. 207

Befiederungsgeschwindigkeit, Ein Beitrag zur Bestimmung der Befiederungsgeschwindigkeit beim Eintagsküken 93

Befiederungsgeschwindigkeit, Untersuchungen über die Befiederungsgeschwindigkeit bei Jungmasthühnern und ihre Beziehung zur Entwicklung der Lebendmasse 299

Befiederungsverhältnisse, Ein Beitrag über die Befiederungsverhältnisse in verschiedenen Lebensabschnitten bei Masttieren einiger Hühnerrassen. . . . 103

Bodenintensivhaltung, Untersuchungen über Leistungsergebnisse von Zuchttieren bei Hühnergeflügel unter den Bedingungen der Bodenintensivhaltung 3

Broilermast, Analyse der Broilermast in drei landwirtschaftlichen Produktionsgenossenschaften des Bezirkes Magdeburg 231

brütezeitkürzende Mittel, Untersuchungen der Schilddrüsenfunktion mit ^{131}J bei Hühnern und Anwendung brütezeitkürzender Mittel 167

Brutleistung, Untersuchungen über die Brutleistung von zwei White-Rock-Linien bei Rein- und Kreuzungszucht 119

Einzelkäfighaltung, Untersuchungen über die Einzelkäfig- und Gruppenkäfighaltung von Legehennen 191

Energieumsatz, Untersuchungen über die Wechselbeziehungen zwischen Energieumsatz, Körpermasse, Legeleistung und Federnausfall bei Plymouth-Rock-Hennen 333

Eiweißniveau, Zum Einsatz synthetischer Aminosäuren bei Hühnerküken. 1. Mitt.: Wirkung von L-Lysin und DL-Methionin bei unterschiedlichem Eiweißniveau 149

Extraktionsschrot, Über den biologischen Wert einiger Futterproteine bei Küken. 2. Mitt.: Extraktionsschrote und Futterhefe. 353

Federnausfall, Untersuchungen über die Wechselbeziehung zwischen Energieumsatz, Körpermasse, Legeleistung und Federnausfall bei Plymouth-Rock-Hennen 333

Seite

Fertigfutter, Natriumsalizylat als Zusatz zum Fertigfutter in der Geflügelmast 157
Fleischfarbe, Untersuchungen über die Fleischfarbe bei 10 Wochen alten Masttieren verschiedener Hühnerrassen 317
Futterhefe, Über den biologischen Wert einiger Futterproteine bei Küken. 2. Mitt.: Extraktionsschrote und Futterhefe 353
Futterproteine, Über den biologischen Wert einiger Futterproteine bei Küken.
1. Mitt.: Volleipulver und Magermilch 343
2. Mitt.: Extraktionsschrote und Futterhefe 353

Gruppenkäfighaltung, Untersuchungen über die Einzelkäfig- und Gruppenkäfighaltung von Legehennen 191

Hahnenwechsel, Untersuchungen zur Durchführung des mehrfachen Hahnenwechsels in der Hühnerzucht 289
Heritabilität und genetische Korrelationen verschiedener Mast- und Schlachtleistungsmerkmale einer White-Rock-Linie. 1. Mitt.. 175
Hühnerexkremente, Zur Analytik von Hühnerexkrementen 221

Körpermasse, Untersuchungen über die Wechselbeziehung zwischen Energieumsatz, Körpermasse, Legeleistung und Federnausfall bei Plymouth-Rock-Hennen 333
Korrelationen, Heritabilität und genetische Korrelationen verschiedener Mast und Schlachtleistungsmerkmale einer White-Rock-Linie 1. Mitt.. 175
Kreuzungszucht, Untersuchungen über die Brutleistung von zwei White-Rock-Linien bei Rein- und Kreuzungszucht 119

Legeleistung, Untersuchungen über die Wechselbeziehung zwischen Energieumsatz, Körpermasse, Legeleistung und Federnausfall bei Plymouth-Rock-Hennen 333
Leistung, Untersuchungen über Umwelt und Leistung intensiv gehaltener Legehennen im Bezirk Rostock 41
Leistungsergebnisse, Untersuchungen über Leistungsergebnisse von Zuchttieren bei Hühnergeflügel unter den Bedingungen der Bodenintensivhaltung . . . 3
L-Lysin, Zum Einsatz synthetischer Aminosäuren bei Hühnerküken. 1. Mitt.: Wirkung von L-Lysin und DL-Methionin bei unterschiedlichem Eiweißniveau 149

Magermilch, Über den biologischen Wert einiger Futterproteine bei Küken. 1. Mitt.: Volleipulver und Magermilch 343
DL-Methionin, Zum Einsatz synthetischer Aminosäuren bei Hühnerküken. 1. Mitt.: Wirkung von L-Lysin und DL-Methionin bei unterschiedlichem Eiweißniveau 149
Muskelfaserdicke, Untersuchungen über die Muskelfaserdicke bei 10 Wochen alten Masttieren verschiedener Hühnerrassen 79

Reinzucht, Untersuchungen über die Brutleistung von zwei White-Rock-Linien bei Rein- und Kreuzungszucht 119
Reproduktionsleistungen, Untersuchungen über den Einfluß verschiedener Vitamin-E-Präparate auf die Reproduktionsleistungen von Hühnern . . . 251
Roststall, Untersuchungen zur Hennenhaltung im Tiefstreu- und Roststall . . . 133

Seite

Schilddrüsenfunktion, Untersuchungen der Schilddrüsenfunktion mit ^{131}J bei Hühnern und Anwendung brütezeitkürzender Mittel 167

Schlachtleistungsmerkmale, Heritabilität und genetische Korrelationen verschiedener Mast- und Schlachtleistungsmerkmale einer White-Rock-Linie. 1. Mitt. 175

Schlachtwert, Untersuchungen zur Frage des Schlachtwertes von Geflügel. 6. Mitt.: Der Schlachtwert als Begriff 67

Schnabelanomalien bei Enten (vorläufige Mitt.) 265

Stechapfelsamen, Die Verträglichkeit von Stechapfelsamen (*Semen Stramonii*) für Broilerküken 61

Sumpfbiber, Der Einfluß verschiedener Verpaarungsmethoden auf die Zuchtleistung beim Sumpfbiber 269

Tiefstreustall, Untersuchungen zur Hennenhaltung im Tiefstreu- und Roststall. 133

Umwelt, Untersuchung über Umwelt und Leistung intensiv gehaltener Legehennen im Bezirk Rostock 41

Verpaarungsmethoden. Der Einfluß verschiedener Verpaarungsmethoden auf die Zuchtleistung beim Sumpfbiber 269

Vitamin-E-Präparate, Untersuchungen über den Einfluß verschiedener Vitamin-E-Präparate auf die Produktionsleistungen von Hühnern 251

Volleipulver, Über den biologischen Wert einiger Futterproteine bei Küken. 1. Mitt.: Volleipulver und Magermilch 343

Weizenprotein, Zum Einsatz synthetischer Aminosäuren bei Hühnerküken. 2. Mitt.: Ergänzung des Weizenproteins durch synthetische Aminosäuren. 213

Zuchtleistung, Der Einfluß verschiedener Verpaarungsmethoden auf die Zuchtleistung beim Sumpfbiber 269

DEUTSCHE DEMOKRATISCHE REPUBLIK
DEUTSCHE AKADEMIE
DER LANDWIRTSCHAFTSWISSENSCHAFTEN ZU BERLIN

ARCHIV FÜR GEFLÜGELZUCHT UND KLEINTIERKUNDE

AKADEMIE-VERLAG · BERLIN

THEORIA CUM PRAXI

BAND 16 · 1967 · HEFT 1

Arch. Geflügelzucht u. Kleintierkd. · Bd. 16 · 1967 · H. 1 · S. 1–64 · Berlin

Das Archiv für Geflügelzucht und Kleintierkunde erscheint in Heften mit einem Umfang von je 4 Druckbogen (64 Seiten). Die innerhalb eines Jahres herausgegebenen 6 Hefte bilden einen Band. Das letzte Heft eines Bandes enthält Inhalts-, Autoren- und Sachverzeichnis.

Der Bezugspreis je Heft beträgt 7,50 MDN. Sonderpreis für die DDR 5,— MDN.

Die Schriftleitung nimmt nur Manuskripte an, deren Gesamtumfang 25 Schreibmaschinenseiten nicht überschreitet und die bisher noch nicht, auch nicht in anderer Form, im In- oder Ausland veröffentlicht wurden. Jeder Arbeit ist eine Zusammenfassung mit den wichtigsten Ergebnissen (nicht länger als 20 Zeilen), wenn möglich auch in russischer und englischer bzw. französischer Sprache, beizufügen. Gegebenenfalls erfolgt die Übersetzung in der Akademie.

Manuskripte sind zu senden an den Chefredakteur: Dr. JOACHIM ENGELHARD, Institut für Geflügelzucht Rottenau der Deutschen Akademie der Landwirtschaftswissenschaften zu Berlin, 3404 Rottenau, Post Loburg.

Die Autoren erhalten Umbruchabzüge zur Korrektur mit befristeter Terminstellung. Bei Nichteinhaltung der Termine erteilt die Redaktion Imprimatur.

Für jede Arbeit werden unentgeltlich 100 Sonderdrucke geliefert. Das Honorar beträgt 40,— MDN je Druckbogen und schließt auch die Urheberrechte für das Bildmaterial ein. Dissertationen, auch gekürzte bzw. geänderte, werden nicht honoriert.

Verlag: Akademie-Verlag GmbH, 108 Berlin 8, Leipziger Straße 3—4, Fernruf: 220441. Telex-Nr. 011773. Postscheckkonto: Berlin 35021. Bestellnummer dieses Heftes: 1041/16/1.

Veröffentlicht unter der Lizenznummer 1277 des Presseamtes beim Vorsitzenden des Ministerrates der Deutschen Demokratischen Republik.

Gesamtherstellung: VEB Druckerei „Thomas Müntzer", 582 Bad Langensalza.

DEUTSCHE DEMOKRATISCHE REPUBLIK
DEUTSCHE AKADEMIE
DER LANDWIRTSCHAFTSWISSENSCHAFTEN ZU BERLIN

ARCHIV FÜR GEFLÜGELZUCHT UND KLEINTIERKUNDE

Begründet als „ARCHIV FÜR GEFLÜGELKUNDE“
im Jahre 1926 von JAN GERRIETS

AKADEMIE-VERLAG · BERLIN

BAND 16 · 1967 · HEFT 1

Arch. Geflügelzucht u. Kleintierkd. Bd. 16 · 1967 · H. 1 · S. 1–64 · Berlin

Inhalt

Urban, W.

Untersuchungen über Leistungsergebnisse von Zuchttieren bei Hühnergeflügel unter den Bedingungen der Bodenintensivhaltung 3

Haynisch, H.

Untersuchungen über Umwelt und Leistung intensiv gehaltener Legehennen im Bezirk Rostock 41

Heider, G.; Prusas, E.

Die Verträglichkeit von Stechapfelsamen (*Semen Stramonii*) für Broilerküken 61

Aus dem Institut für Geflügelzucht Rottenau
der Deutschen Akademie der Landwirtschaftswissenschaften zu Berlin

WOLFGANG URBAN

Untersuchungen über Leistungsergebnisse von Zuchttieren bei Hühnergeflügel unter den Bedingungen der Bodenintensivhaltung[1]

Eingegangen 3. 10. 1966

1. Einleitung und Rückblick auf die bisherigen Ergebnisse

Die Nahrungsansprüche der Bevölkerung haben sich in den letzten Jahren in zunehmendem Maße gewandelt. Hieraus resultiert der ständig wachsende Bedarf u. a. von Geflügelfleisch und Eiern. Eine wesentliche Voraussetzung zur Produktionssteigerung ist durch die Einführung der Intensivhaltung beim Geflügel gegeben. In zahlreichen Untersuchungen kommt übereinstimmend zum Ausdruck, daß unter Beachtung der notwendigen Fütterungs- und Haltungsbedingungen die Intensivhaltung der Legetiere bedeutende wirtschaftliche Vorteile bringt und mit Erfolg anzuwenden ist (MÜLLER und HEIDENREUTER, 1958; HATTENHAUER, 1958; WACHSMUTH, 1958; MÜLLER und HEIDENREUTER, 1959; ENGELHARD, 1959).
Im Gegensatz dazu sind die Auffassungen über die zweckmäßige Haltung der Zuchtbestände noch widersprechend. Dies trifft besonders auch für die Frage der Aufzucht der Zuchttiere im Jungtieralter zu. Bisher überwog die seit Jahrzehnten geprägte Meinung, daß die Zuchttiere in Ställen mit einer genügend großen bewachsenen Auslauffläche zu halten sind. Die Bewegung im Freien unter der natürlichen Einwirkung von Licht, Luft und Sonne sowie die Möglichkeit der zusätzlichen Aufnahme von Futterstoffen soll die Gesundheit und Leistungsfähigkeit der Tiere fördern.
Den möglichen Vorteilen der Auslaufhaltung stehen andererseits eine Reihe von Nachteilen gegenüber, die bei der künftigen Entwicklung der Geflügelzucht immer größer werden. Moderne Zuchtverfahren, wie die Linien- und Linienhybridzucht, setzen Tierbestände voraus, die bei der anzustrebenden Konzentration in einem Betrieb unter Beibehaltung der Auslaufhaltung aus wirtschaftlichen und tierhygienischen Gründen auf erhebliche Schwierigkeiten stoßen. Die zunehmende Konzentration der Produktionsbetriebe in der Lege- und Mastrichtung verlangt andererseits entsprechend große Tierbestände in den Vermehrungsbetrieben, die in der Lage sein müssen, das benötigte Tiermaterial für die jeweiligen Stalleinheiten aus einem Schlupf zu erzeugen. Die Bereitstel-

[1] Auszug aus der gleichnamigen Dissertation, Deutsche Akademie der Landwirtschaftswissenschaften zu Berlin, 1966.

lung der Küken oder Jungtiere muß dabei kontinuierlich erfolgen, um einen gleichmäßigen Arbeitsanfall bei einer vollen Ausnutzung der Produktionskapazitäten zu erreichen. Eine jahreszeitlich begrenzt durchführbare Jungtieraufzucht bereitet auch für den planmäßigen Zuchtablauf, wie z. B. Passerpaarungen und -prüfungen, die Bestandteil des Hybridzuchtprogrammes sind, erhebliche Nachteile. Es sind somit züchterische, ökonomische, aber auch tierhygienische Gesichtspunkte, die in den großen spezialisierten Zucht- und Vermehrungsbetrieben weiterhin dazu führen, immer mehr von der Auslaufhaltung der Tierbestände abzukommen und zur Intensivhaltung überzugehen.

Versuchsergebnisse zur intensiven Haltung der Zuchttiere liegen aus dem deutschsprachigen Raum nur vereinzelt und in widersprechenden Aussagen vor. In vergleichenden Untersuchungen zwischen Intensiv- und Auslaufgruppen erzielten WEINMILLER und MACHT (1929) und RÖMER (1930) eine verringerte Legeleistung mit einer größeren Streuung in der Eizahl und völlig ungenügende Schlupfergebnisse bei den Tieren der Intensivgruppen. RÖMER konnte zwar die Winterlegeleistung durch zusätzliche Beleuchtung der intensiv gehaltenen Hennen erhöhen, die Jahresleistung aber nicht verbessern. Das Steigen der Brutresultate nach Beendigung der Beleuchtungsperiode wird auf die nachlassende Wirkung der als ungünstig angesehenen Lichtgabe zurückgeführt.

BARTSCH (1937, 1938), EBBELL (1940) und LE ROY (1957) fanden hingegen keine negative Beeinflussung der Zuchttiere durch künstliche Beleuchtung. Bei gleichen und z. T. besseren Brutergebnissen konnte durch die höhere Winter- und Gesamtlegeleistung gegenüber den unbeleuchteten Gruppen ein größerer Kükenanfall erzielt werden. Unter den Bedingungen der Intensivhaltung verglich HATTENHAUER (1958b) den Einfluß von Leuchtstoffröhren unterschiedlicher Lichtfarbe mit dem Licht der Glühlampen. Die in den Monaten November und Januar bis April durchgeführten Bruteinlagen zeigten eine Befruchtung von 79,8 bis 96,2 v. H. und ein Schlupfergebnis von 79,7 bis 88,8 v. H. der befruchteten Eier.

In zwei Versuchsreihen mit Stall- und Auslaufgruppen stellte MEHNER (1954) einen niedrigeren Futterverbrauch und eine bessere Schlupfleistung bei den Auslaufgruppen fest. Die Ergebnisse über die futtersparende Wirkung der Weide mit 10 v. H. bestätigten die schon älteren Untersuchungen von WEINMILLER (1940). GERRIETZ (1957) glaubt, auf Grund seiner Versuchsergebnisse der freien Bewegung der Tiere in den Ausläufen eine leistungssteigernde Wirkung zuschreiben zu können. Im Gegensatz hierzu stehen die bereits zitierten Untersuchungen von WEINMILLER (1940), wonach in Ausläufen, die kein Futter bieten, die Tiere mehr Nährstoffe zur Krafterzeugung verbrauchen als intensiv gehaltene. Auch MÜLLER und HEIDENREUTER (1958) fanden keine Vorteile bei halbintensiv, auf unbewachsenem Auslauf gehaltenen Hennen gegenüber der intensiven Haltungsweise. Ebenso erreichten die Tiere, die auf bewachsenem Auslauf gehalten wurden, keine bessere Leistung. Eine nennenswerte Futtereinsparung trat nicht auf. Die fehlende Futtersparwirkung des Auslaufes bestätigten auch die Untersuchungen von HATTENHAUER (1958a) in einem vergleichenden Haltungsversuch an Leghornjunghennen auf Tiefstreu in Intensivhaltung und mit Auslaufmöglichkeit. Bei einem fast gleichen Futterverbrauch in beiden Gruppen lag die Rohverwertung, bedingt durch die um 22,0 v. H. höhere Legeleistung, für die intensiv gehaltenen Tiere um 25,6 v. H. besser. Die Schlupfergebnisse, bezogen auf die Anzahl der befruchteten Eier, waren bei den Testbruten mit 84,2 v. H. bei der Intensivhaltung und 83,8 v. H. bei der Auslaufhaltung gleich gut. In späteren Versuchen (HATTENHAUER, 1961 b), die den Einfluß verschiedener Methoden einer Futtervitaminierung auf die Nutzleistungen von intensiv und extensiv gehaltenen Hennen zum Ziel hatten, waren bei gleicher zusätzlicher Vitaminversorgung keine Verbesserungen der Legeleistung oder des Futterverwertungsvermögens bei den Auslaufgruppen erkennbar.

ENGELHARD und BISCHOF (1964) berichten über erste Ergebnisse mit der Intensivhaltung von Vermehrungshennen der Rassen Weiße Leghorn und White Rock, die mit White-Rock- bzw. Cornish-Hähnen angepaart waren. Das durchschnittliche Schlupfergebnis der befruchteten Eier von insgesamt 37 bzw. 38 Einlagen betrug für beide Gruppen 77,1 v. H., das der eingelegten 71,4 v. H. Schlußfolgernd wird festgestellt, daß eine Intensivhaltung von Vermehrungshennen mit gutem Erfolg durchgeführt werden kann, wobei White-Rock-Hennen sich mindestens mit dem gleichen Erfolg wie Leghorn-Hennen für diese Haltungsform eignen.

Auch in der ausländischen Literatur sind die Versuchsergebnisse nicht einheitlich. Die teilweise schlechteren Leistungen, insbesondere in der Brut bei der Intensivhaltung von Zuchttieren gegenüber der Haltung im Grasauslauf, wurden zumeist in früheren Arbeiten erzielt. Mit zunehmender Kenntnis über die Bedeutung der einzelnen Nähr- und vor allem Wirkstoffe sowie deren Anwendung in Form einer möglichst vollwertigen Fütterung waren die Nutzleistungen bei den intensiv gehaltenen Tieren gleich oder meistens verbessert. Die Einführung des Tiefstreuverfahrens durch KENNARD und CHAMBERLAIN (zit. von HAVERMANN, 1953) brachte bei der Intensivhaltung nicht nur weitere arbeitswirtschaftliche Vorteile, sondern auch bessere Brutleistungen. RODINA (1960) erzielte bei der Haltung der Tiere auf Tiefstreu um 10 v. H. höhere Schlupfresultate gegenüber Wechselstreu. POPOV und SEVCENKO (1961) fanden eine Abhängigkeit zwischen Vitamin-B_{12}-Gehalt der Tiefstreu und dem der inneren Organe der Hühner. Durch das Vitamin B_{12} wurden Schlupffähigkeit, Legeleistung, Wachstum und Gesundheitszustand positiv beeinflußt.

Untersuchungen von PROUNDFOOT (1962) über die innere Eiqualität bei sechs Leghorn-Linien ergaben keine Unterschiede bei Intensiv- und Extensivhaltung. Vielmehr zeigten sich gesicherte Differenzen zwischen den Linien. Ebenso konnten HURWITZ und GRIMINGER (1962) keinen Einfluß auf die Schalenqualität durch die verschiedene Haltungsweise feststellen. COLES (1960) verglich die Eiqualität und Schlupfleistung von zwei Jung- und Althennengruppen, wovon jeweils eine Gruppe intensiv auf Tiefstreu und die andere in Ställen mit Grasauslauf gehalten wurde. Hinsichtlich Eiqualität, Dotterindex und Anteil an dickem Eiweiß zeigten alle Gruppen die gleichen jahreszeitlichen Schwankungen, und zwar von Legebeginn bis Frühjahr einen Anstieg und danach bis Sommer einen Abfall. Der Legeverlauf war bei den intensiv gehaltenen Hennen gleichmäßiger. In den Schlupfergebnissen ergaben sich nur unbedeutende Unterschiede nach der Haltung und dem Alter zugunsten der Intensivgruppen und einjährigen Hennen.

Von allen Altersstufen des Hühnergeflügels hat sich die Jungtierperiode am stärksten der Intensivhaltung widersetzt. So ist es auch zu erklären, daß bisher nur wenige Ergebnisse über Leistungen von intensiv aufgezogenen Zuchttieren vorliegen. SCHÜRENBERG (1956) konnte bei Beobachtungen in der Praxis feststellen, daß bei dieser Aufzuchtform die Hennen in der nachfolgenden Legeperiode eine hohe Winter- und Jahreslegeleistung erreichten. Die Befruchtungs- und Schlupfleistungen sowie die Qualität der Küken waren gut. Übereinstimmend mit diesen Ergebnissen berichtete KENNARD (1930), daß in der Pennsylvania Versuchsstation jährlich 15000 Küken bis zur Legereife intensiv aufgezogen und später als Lege- und Zuchthennen in der gleichen Weise gehalten wurden. Neben geringeren Verlusten und einer hohen Legeleistung erzeugten die Zuchthennen nach mehreren Generationen Intensivhaltung Eier mit einer guten Schlupffähigkeit.

TOMHAVE (1959) fand in vierjährigen Untersuchungen, daß die Intensivhaltung der Tiere während der Aufzuchtperiode höhere Körpermassen, geringeren Futterverzehr, bessere Futterverwertung und etwas frühere Legereife ergab. Die Hennen in der Legeperiode aber gegenüber den im Auslauf aufgezogenen eine schlechtere Eierleistung, einen größeren Anteil an leichteren Eiern sowie niedrigere Schlupfergebnisse und höhere Verluste brachten.

Zahlreicher waren die Versuche zur intensiven Junghennenaufzucht von Legetieren. Auch in diesen Arbeiten sind die Ergebnisse voneinander abweichend. Die Körpermasseentwicklung war bei den intensiv aufgezogenen Junghennen meistens besser, dabei wurde gleichzeitig eine etwas frühere Geschlechtsreife erzielt als bei der Auslaufaufzucht (KINDER und YOES, 1956; TAYLOR und Mitarbeiter, 1957; BAILEY und Mitarbeiter, 1959; WIRTH, 1960; HATTENHAUER, 1961; QUERNER und BECKER, 1962; WEGENER, 1962). Hinsichtlich des Futterverbrauches während der Jungtierperiode war teils die intensive Aufzuchtmethode (HATTENHAUER, 1961; WEGENER, 1962), teils die Weideaufzucht überlegen (TAYLOR und Mitarbeiter, 1957; BAILEY und Mitarbeiter, 1959; HATTENHAUER, 1960). Die Leistungen in der Legeperiode blieben zumeist unbeeinflußt durch die unterschiedliche Haltung der Junghennen (KINDER und YOES, 1956; TAYLOR und Mitarbeiter, 1957; BAILEY und Mitarbeiter, 1959; HATTENHAUER, 1960 und 1961; SHUPE und QUISENBERRY, 1961; WEGENER, 1962; QUERNER und BECKER, 1962), nur in einigen Fällen lag die Legeleistung bei den intensiv aufgezogenen Junghennen eindeutig niedriger (WINTER und SCHLAMB, 1948; PEPPER und Mitarbeiter, 1957). Die Verluste in der Legeperiode waren meistens durch die vorangegangene Intensivhaltung der Junghennen etwas erhöht, während bis zum Erreichen der Geschlechtsreife eher eine umgekehrte Tendenz zu verzeichnen war. Die von ORR und Mitarbeiter (1957) und von PEPPER und Mitarbeiter (1959) durchgeführten Eiqualitätsuntersuchungen brachten nur geringe bzw. keine Unterschiede zwischen beiden Haltungsformen in der Jungtierperiode. Die Möglichkeit der Bereitstellung eines der Auslaufaufzucht gleichwertigen Legetieres konnte in der Mehrzahl der Arbeiten nachgewiesen werden.

2. Eigene Untersuchungen und ihre Ergebnisse

In eigenen Untersuchungen sollte der Einfluß einer ganzjährigen Intensivhaltung, bei unterschiedlicher Vitaminierung des Futters und unter Einbeziehung verschiedener Haltungsmethoden in der Jungtierperiode, auf die Leistung der Zuchttiere geprüft werden. Dabei galt es besonders, wichtige Zusammenhänge im Hinblick auf die ganzjährige Brut zu klären.
Die ursprünglich nur mit Legerassen und deren Kreuzungen vorgesehenen Versuche erfuhren mit der Einbeziehung einer mittelschweren Rasse in Verpaarung mit Cornish eine vorteilhafte Ergänzung.

2.1. Material und Methode zur Durchführung der Versuche

Insgesamt gelangten drei Versuche in den Jahren 1960 bis 1963 zur Durchführung. Die Versuche trugen keinen experimentellen Charakter, es waren vielmehr Untersuchungen in großen Gruppen unter Praxisbedingungen. Sie entstanden im Zusammenhang mit der Entwicklung und dem Aufbau des Instituts für Geflügelzucht Rottenau.
Die Tiere für den Versuch 1 wurden als sortierte Eintagsküken angekauft. Im Versuch 2 und 3 stammte das Tiermaterial aus der Nachzucht von den im Institut intensiv gehaltenen Zuchtherden.
Für die intensive Aufzucht der Küken auf Tiefstreu bis zur 8. bzw. 10. Lebenswoche stand bis 1961 ein provisorisch für diese Zwecke ausgebauter Stall (18,50 × 8,95 m) zur Verfügung. Ab 1962 waren die Küken in einem massiv gebauten Aufzuchtstall mit einer Kapazität von 9000 Plätzen untergebracht. Zur Ausrüstung der 25 m^2 großen Abteile gehörten Futterautomaten und Durchlauftränken.
Die Versuche zur Intensivhaltung der Jungtiere, in dem Altersabschnitt von der 10. bis zur 22. Lebenswoche, wurden in einem 15,20 × 9,40 m großen Schuppenstall durchgeführt. Nord- und Ostseite dieses Stalles waren von massiven Wänden, die West- und Südseite nur mit Drahtgeflecht umgeben. Der Kotbunker mit Sitzstangen befand sich an der Nordwand. Zur Aufnahme des Futters wurden im Scharraum stehende Tieftröge verwendet. Ständig frisches Wasser stand über eine Durchlauftränke zur Verfügung. Die Versuchsgruppen mit Auslaufhaltung waren in transportablen Pultdachhütten, in denen jeweils etwa 80 Tiere Platz hatten, untergebracht. Um eine Verkotung der Weidefläche zu verhindern, erfolgte wöchentlich einmal das Versetzen der Hütten. Für die Fütterung der Auslauftiere wurden überdachte Futterautomaten verwendet, als Tränken dienten Tontröge.
Die Haltung der Zuchtherden erfolgte in einem 55 m langen und 15 m breiten Intensivstall, der durch den Umbau eines ehemaligen Schweinestalles entstanden

war. Durch die sehr kleine Fensterfläche, die nur 1/57 der Stallgrundfläche ausmachte, mußte mit künstlicher Beleuchtung auch während des Tages gearbeitet werden. Die tägliche Beleuchtungsdauer betrug 14 Stunden. Der Stall verfügte neben zwei Luftschächten, einigen Lufteintrittsöffnungen in den Längswänden unterhalb des Daches und den Fenstern über keine weiteren Einrichtungen zur Be- und Entlüftung. Die einzelnen 145 bis 150 m² großen Abteile waren gleichartig eingerichtet. An den Längswänden befanden sich die Kotbunker mit Sitzstangen, während an den quer verlaufenden Bedienungsgängen die Nester angeordnet waren. Die über Futterautomaten und Durchlauftränken bereitgestellte Trog- und Tränkseitenlänge betrug 6 cm bzw. 1 cm je Tier.
Für die Durchführung der Brut stand ein vollautomatisch arbeitender Persime-Skyline-Brüter mit einer Kapazität von 11200 Eiplätzen zur Verfügung. In der 18 Tage dauernden Vorbrutperiode wurde mit einer Temperatur von 37,6 °C und einer relativen Luftfeuchtigkeit von 55 bis 60% gebrütet. Während des Schlupfes lag die Temperatur bei 37,4 °C und die relative Luftfeuchtigkeit zwischen 80 bis 85%. Die Wendung der Eier erfolgte automatisch in Abständen von zwei Stunden um einen Winkel von 120°.

In den Untersuchungen wurden nachstehende Leistungsergebnisse erfaßt:

a) Während der Zuchttierperiode die Legeleistung je Henne in St. und in v. H., berechnet nach Futtertagen, die Einzeleimasse und der Futterverzehr. Die Ermittlung der Daten erfolgte monatlich und für die Dauer der Versuche insgesamt. Weiterhin wurden die Eimassen je Henne, der Futterverbrauch je kg erzeugte Eimasse, die Körpermasse durch Einzelwägung der Tiere sowie die Verluste und ihre Ursachen festgestellt.

b) In der Brut die eingelegten Eier je Gruppe, die Anzahl der befruchteten Eier und in v. H. der Einlage, die der abgestorbenen Eier bis zum 6. Bruttag und vom 7. bis 18. Entwicklungstag; ferner die Quoten der Steckenbleiber, der Krüppel und die der gesunden Küken. Bei allen abgestorbenen Embryonen erfolgte die Feststellung des Alters beim Absterben. Außerdem wurden die Steckenbleiber eingestuft in Küken mit normaler Entwicklung, mit falschen Lagen, mit Weißeiresten und Krüppel.

c) In der Jungtierperiode (Versuch 2 und 3) die Körpermasse durch Einzelwägung der Tiere, der Futterverzehr je Gruppe, die Rohverwertung und die Verluste.

d) In der Aufzucht wurden die unter c) ermittelten Leistungsmerkmale bei den Nachkommen aus den Gruppen des zweiten Versuches und bei der Aufzucht der Tiere für den Versuch 2 und 3 erfaßt.

Die statistische Prüfung der Werte erfolgte nach der von R. A. Fisher entwikkelten Varianzanalyse (Weber, 1961; Otto, 1958). Bei der Auswertung der Brutergebnisse machte sich ein Transformieren der Einzelwerte erforderlich. Die Transformation wurde nach Tabellenwerten von Snedecor (1948) vorgenommen, wobei im weiteren Rechengang ebenfalls die Varianzanalyse zur Anwendung kam.

2.2. Leistungsergebnisse von Legekreuzungen bei unterschiedlicher Vitaminierung des Futters

Im ersten Versuch sollten allgemeine Erfahrungen mit der Intensivhaltung von Zuchttieren unter den gegebenen Bedingungen gesammelt werden. Da eine ausreichende Vitaminversorgung der Tiere für den Erfolg der Intensivhaltung von ausschlaggebender Bedeutung ist, galt es besonders die Frage zu klären, ob die Vitaminierung des gereichten Futters mit einem Vitaminkonzentrat gegenüber einem mit natürlichen Vitaminträgern angereicherten Futter Vorteile bringt.

Der Versuch begann am 3. November 1960 mit 2 Gruppen von insgesamt 410 Kreuzungshennen (WR × Legh.) und erstreckte sich über einen Zeitraum von 10 Monaten. Bis zur 8. Lebenswoche wurden die Tiere intensiv aufgezogen und in der Jungtierperiode in Hütten auf einem gut bewachsenen Auslauf gehalten.

Die Gruppe 1 erhielt 1,7 v. H. Wirkstoffkonzentrat dem Mischfutter zugesetzt, das mit einem Gehalt von 0,8 Mill. IE Vitamin A, 1,5 Mill. IE Vitamin D_2 und 1 g Antibiotika (Tetracyklin) je kg deklariert war. Außerdem wurde jedem Tier bei den Zwischenwägungen 1 cm^3 Trivitamin subkutan injiziert. Die Zwischenwägungen fanden, gerechnet von der Einstallung, in einem vierteljährlichen Abstand statt. Der Vitamingehalt von 1 cm^3 Trivitamin betrug 15000 IE Vitamin A, 20000 IE Vitamin D_3 und 10 mg Vitamin E. In der Gruppe 2 erfolgte die Vitaminierung des Futters im Winter über 20 g Möhren und im Frühjahr und Sommer mit 20 g Grünfutter je Tier und Tag sowie durch den Zusatz von 2 v. H. Dorschölemulsion zum Trockenfutter.

Das für beide Gruppen gleiche und nur hinsichtlich der Vitaminierung unterschiedliche Mischfutter hatte nach den im Institutslabor durchgeführten chemischen Analysen im Durchschnitt:

21,48 v. H. Rohprotein
3,25 v. H. Rohfett
4,52 v. H. Rohfaser
8,38 v. H. Rohasche.

Die nach Tabellen von Fangauf (1964) errechneten Werte für verdauliches Eiweiß und Gesamtnährstoffe betrugen 17,72 v. H. und 60,07 v. H., was einem Nährstoffverhältnis von 1:2,39 entsprach. Neben dem zur freien Aufnahme gereichten Mehlfutter wurden 50 g Körner, bestehend aus 40 g Weizen und 10 g Mais, je Tier und Tag gefüttert. Kalkgrit und Sand standen unbeschränkt in besonderen Trögen zur Verfügung.

Zur Ermittlung der Brutleistung wurden Leghorn-Hähne in einem Verhältnis von 1:12,8 angepaart. Unter Einbeziehung der Hähne ergab sich für beide Gruppen ein Anfangsbesatz von 3,0 Tieren je m^2 Stallgrundfläche.

Bei Zugrundelegung der durchschnittlich im Stall vorhandenen Hennen betrugen in 300 Versuchstagen die Legeleistung der Gruppe 1 (synthetische Vitamine) 63,0 v. H. und die der Gruppe 2 (natürliche Vitamine) 50,5 v. H. Der Verlauf der relativen Legeleistung (Abb. 1) zeigt nach der bereits im Dezember

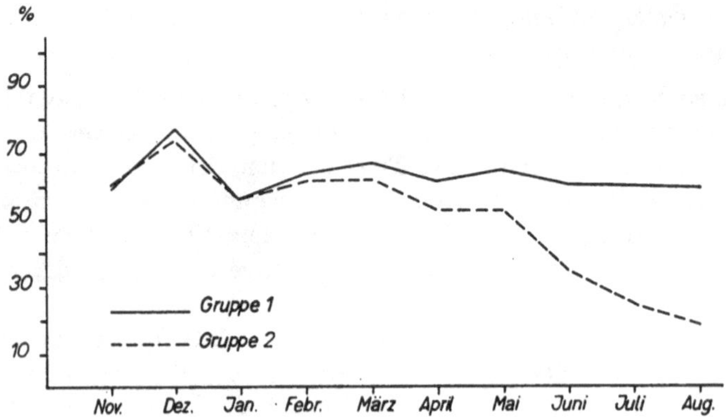

Abb. 1: Verlauf der relativen Legeleistung im Versuch 1

erreichten Legespitze im darauffolgenden Monat einen starken Abfall. Die Ursache für diese Leistungsdepression dürfte in dem ungünstigen Stallklima zu sehen sein, da andere Umweltstörungen nicht vorhanden waren und beide Gruppen in gleicher Weise reagierten, so daß die unterschiedliche Vitaminierung nicht in Betracht kommt. Bei den niedrigen Temperaturen, die durchschnittliche Stalltemperatur des Monats Januar betrug 5,4 °C, die Extremwerte −5 °C und +9 °C, sowie der hohen relativen Luftfeuchtigkeit reichte die Schwerkraftlüftung nicht aus, um eine normale Beschaffenheit der Tiefstreu zu erhalten. Beziehungen zwischen dem Sinken der Temperatur in den Wintermonaten und einem Rückgang in der Legeleistung stellten in Untersuchungen auch HAYS (1958), SCHOLTYSSEK (1961), MATSON und Mitarbeiter (1961) fest. Obgleich beide Gruppen einen Wiederanstieg der Legeleistung auf über 60 v. H. erreichten, verlief dieser in Gruppe 2 etwas geringer und fiel bereits im April wieder ab. Im letzten Versuchsmonat wurde von den Hennen nur noch eine relative Legeleistung von 18,9 v. H. erreicht, während die Leistung der Gruppe 1 59,6 v. H. betrug und im übrigen Zeitraum nie unter 60 v. H. lag.

Die monatlichen Einzelwerte beider Gruppen für die Merkmale Legeleistung, Einzeleimasse und durchschnittlicher Futterverzehr sind in der Tab. 1 zusammengestellt.

Mit 189,1 Eiern je Henne erreichte die Gruppe 1 gegenüber der Gruppe 2 eine um 20 v. H. höhere Gesamtleistung, wobei die Mehrleistung von 2 v. H. im ersten auf 38 v. H. im zweiten Versuchsabschnitt anstieg. Die Differenz zwischen den Gruppen konnte bei der Gesamtlegeleistung und der Leistung der zweiten Versuchsperiode statistisch hoch gesichert werden, während die des ersten Abschnittes keinen signifikanten Unterschied ergab (Tab. 2). Auf Grund der fast gleichbleibenden Legeleistung ließ sich bei der Gruppe 1 zwischen dem ersten und zweiten Versuchsabschnitt keine statistische Sicherung erreichen, wogegen die Signifikanz bei der Gruppe 2 durch den stark abfallenden Legeverlauf hoch war.

Tabelle 1

Legeleistung (nach Futtertagen), Einzeleimasse und durchschnittlicher Futterverzehr in den einzelnen Monaten (Versuch 1)

	Eier je Henne g		Einzeleimasse g		$\bar{x}$ tägl. Futterverzehr je Tier g	
	2	1	1	2	1	2
ab 3. November	16,7	16,9	50,2	50,4	119,8	114,5
Dezember	23,9	23,1	52,3	51,4	129,7	121,2
Januar	17,4	17,6	53,7	53,6	112,1	95,0
Februar	17,9	17,4	55,6	55,3	116,1	110,9
März	20,6	19,3	56,5	56,2	115,7	105,7
November—März	96,5	94,3	53,7	53,3	119,5	109,3
v. H.	100,0	98,0	100,0	99,0	100,0	92,0
April	18,4	15,8	57,6	57,2	114,3	106,1
Mai	20,1	16,5	59,2	58,2	120,8	118,6
Juni	18,2	10,6	59,6	57,3	131,4	110,8
Juli	18,6	8,8	59,9	56,8	140,8	101,0
bis 29. August	17,3	5,5	61,1	57,8	149,0	115,0
April—August	92,6	57,2	59,4	57,5	130,8	110,3
v. H.	100,0	62,0	100,0	97,0	100,0	84,0
November—August	189,1	151,5	56,4	55,0	125,0	109,8
v. H.	100,0	80,0	100,0	98,0	100,0	88,0

Tabelle 2

Statistische Auswertung der Legeleistung (Versuch 1)

Legeleistung	MQ	FG_V	FG_R	F	P
Gruppe 1:2 insgesamt	2027,00	1	120	23,99	+++
Gruppe 1 Abschnitt 1:2	79,19	1	59	2,07	---
Gruppe 2 Abschnitt 1:2	3312,67	1	59	53,62	+++
Gruppe 1:2 Abschnitt 1	28,61	1	58	0,42	---
Gruppe 1:2 Abschnitt 2	3352,63	1	60	83,03	+++

MQ — Mittelquadrat
FG_V — Freiheitsgrade der Versuchsglieder
FG_R — Freiheitsgrade Rest
F — Varianzquotient
P — Sicherheit

Die Gruppe 1 mit der höchsten Eizahl erreichte mit 56,4 g auch die größten Einzeleimassen. Wie bei der Legeleistung war in der ersten Hälfte der Versuchsperiode der Unterschied mit 0,4 g je Ei sehr gering und stieg erst im Durchschnitt des zweiten Abschnittes auf 1,9 g an (Abb. 2). Die Mittelwertdifferenz von 1,4 g zwischen den Gruppen für die gesamte Versuchsperiode und die der beiden Abschnitte konnte statistisch nicht gesichert werden. Dagegen ergaben die Varianzprüfungen zwischen den Gruppen für die Monate Mai bis August einen gesicherten bzw. hoch gesicherten Unterschied.

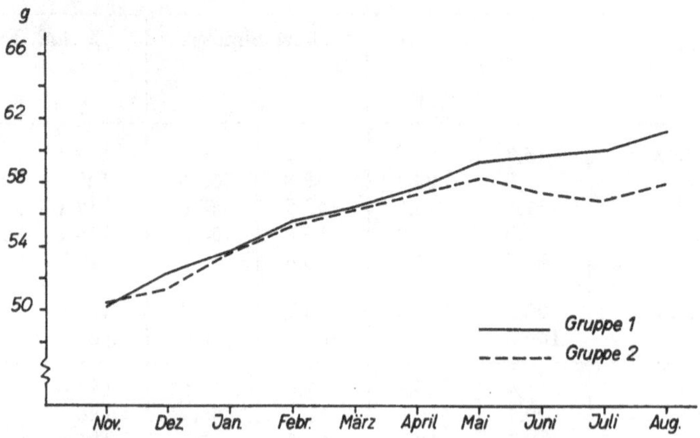

Abb. 2: Monatliche Durchschnitts-Eimassen im Versuch 1

Durch die gute Legeleistung erreichte die Gruppe mit synthetischen Vitaminzusätzen trotz des höheren täglichen Futterverzehrs mit 3,51 kg Futter je kg Eimasse eine um 13 v. H. bessere Rohverwertung (Tab. 3).

Tabelle 3

Futterverbrauch und erzeugte Eimasse je Henne und Futterverbrauch je kg Eimasse (Versuch 1)

Gruppe	1		2	
	kg	v. H.	kg	v. H.
Futterverbrauch	37,500	100	32,940	88
Erzeugte Eimasse	10,672	100	8,327	78
Futterverbrauch je kg Eimasse	3,514	100	3,956	113

Bei dem Futterverbrauch je kg Eimasse wurde die Zunahme von durchschnittlich 440 g Körpermasse je Tier im Versuchszeitraum nicht berücksichtigt. Da die Hennen mit natürlicher Vitaminierung des Futters nur eine Zunahme von 343 g aufwiesen, fiel der effektive Leistungsunterschied noch größer aus (Tab. 4).

Die bereits bei der ersten und zweiten Zwischenwägung erreichten geringen Mehrzunahmen der Gruppe 1 waren nicht signifikant. Gesicherte Differenzen traten erst bei den zwei letzten Wägungen auf.

Die Verlustquoten einschließlich Merzungen mit 11,4 in der Gruppe 1 und 11,0 v. H. in der Gruppe 2 sind als normal zu bezeichnen. Zwischen den Gruppen bestanden weder in der Abgangshöhe noch bei den -ursachen bedeutende Unterschiede.

Tabelle 4
Durchschnittliche Körpermasse je Henne (Versuch 1)

Gruppe	1		2	
	g	v. H.	g	v. H.
2. November 1960 (Versuchsbeginn)	1852	100	1859	100
1. Febr. 1961	2007	100	1966	98
4. Mai 1961	2086	100	2058	99
3. August 1961	2282	100	2142	94
30. August 1961 (Versuchsende)	2292	100	2202	96
Zunahme insgesamt	440	100	343	78

Die Brut der Eier aus den zwei Versuchsabteilen erfolgte in der Zeit vom 25. Januar (1. Einlage) bis zum 19. September 1961 (letzter Schlupftag). In diesem Zeitraum von 8 Monaten wurden in 28 Bruten aus der Gruppe 1 17090 Eier erbrütet, aus der Gruppe 2 waren es 15619 Eier (Tab. 5 und 6).

Die Befruchtung in Gruppe 2 war mit 86,99 v. H. um 3,58 v. H. besser als das Gesamtergebnis der Gruppe 1. Da im Gesundheitszustand und auch bei den Körpermassen der Hähne keine Unterschiede bestanden, kann für die schwach gesicherte Differenz keine Erklärung gegeben werden (Tab. 7). Die Gegenüberstellung der ersten 14 Bruten (Januar bis April) von beiden Gruppen zeigte zu den folgenden einen gesicherten Abfall in der Befruchtung. In der Gruppe 1 betrug dieser 4,79 v. H. und in der Gruppe 2 5,51 v. H. Über eine abnehmende Zuchttauglichkeit der Hähne im Verlauf einer längeren Brutperiode berichtet auch TOMHAVE (1958).

Die Quoten der abgestorbenen Embryonen in der Brutperiode sind Anhaltspunkte mit für den Bruterfolg. Die höchsten Werte sind normalerweise bis zum Ende der ersten Brutwoche zu verzeichnen. Das bestätigten die Zahlen in beiden Gruppen. Bis zum 6. Bruttag betrugen die abgestorbenen Quoten für die Gruppe 1 4,46 v. H. und für die Gruppe 2 7,08 v. H. der befruchteten Eier, während die Quoten vom 7. bis 18. Bruttag bei 1,15 bzw. 2,41 v. H. lagen. Die Differenzen zugunsten der Gruppe 1 sind in beiden Entwicklungsphasen hoch gesichert. In Gruppe 1 blieben die Quoten über die gesamte Brutperiode gleichmäßig niedrig und wiesen eine geringe Streuung auf. Demgegenüber war bei der Gruppe 2 eine hoch gesicherte Verschlechterung im zweiten Abschnitt der Brut zu verzeichnen.

Eine ähnliche Tendenz ist bei einer Gegenüberstellung der Steckenbleiber zu vermerken. Mit 2,46 v. H. im ersten und 2,32 v. H. im zweiten Brutabschnitt hatte die Gruppe 1 um 2,22 v. H. bzw. 4,39 v. H. hoch signifikant bessere Ergebnisse als die Gruppe 2. Die Öffnung der Steckenbleiber nach beendetem Schlupf wies keine Abweichung vom normalen Befund auf. Danach hat sich die mangelhafte Vitaminzufuhr allein auf den Umfang der Steckenbleiber ausgewirkt,

Tabelle 5

Brutergebnisse der Gruppe 1 Leghorn × (White Rock × Leghorn) 1961 (Versuch 1)

Datum Einlage	Einlage St.	befruchtete Eier St.	v. H. der Einlage	abgestorben 1.—6. Tag	v. H. der befruchteten Eier	abgestorben 7.—18. Tag	v. H. der befruchteten Eier	Steckenbleiber	v. H. der befruchteten Eier	Krüppel St.	Küken St.	v. H. der Einlage	v. H. der befruchteten Eier
25. 1.	500	469	93,80	35	7,46	17	6,32	15	3,20	15	387	77,40	82,52
31. 1.	436	399	91,51	31	7,77	6	1,50	20	5,01	7	335	76,83	83,96
7. 2.	528	488	92,42	26	5,33	19	3,89	29	5,94	10	404	76,52	82,79
14. 2.	650	569	87,54	21	3,69	12	2,11	9	1,58	5	522	80,31	91,74
21. 2.	775	666	85,94	13	1,95	5	0,75	13	1,95	6	629	81,16	94,44
28. 2.	874	755	86,38	35	4,64	5	0,66	13	1,72	11	691	79,06	91,52
7. 3.	859	752	87,52	19	2,53	8	1,06	11	1,46	10	704	81,96	93,62
16. 3.	600	503	83,83	17	3,38	3	0,60	11	2,19	5	467	77,83	92,84
23. 3.	1008	820	81,35	39	4,76	6	0,73	26	3,17	3	746	74,01	90,98
28. 3.	816	666	81,62	22	3,30	9	1,35	8	1,20	3	624	76,47	93,69
5. 4.	764	644	84,29	23	3,57	5	0,78	17	2,64	8	591	77,36	91,77
11. 4.	700	584	93,43	24	4,11	7	1,20	16	2,74	6	531	75,86	90,92
18. 4.	720	590	81,94	24	4,07	6	1,02	6	1,02	4	550	76,39	93,22
25. 4.	702	578	82,34	30	5,19	9	1,56	15	2,60	7	517	73,65	89,45
2. 5.	767	627	81,75	25	3,99	5	0,80	7	1,16	14	576	75,10	91,87
9. 5.	766	626	81,72	27	4,31	4	0,64	17	2,72	4	574	74,94	91,69
16. 5.	676	550	81,36	24	4,36	3	0,55	18	3,27	8	497	73,52	90,36
23. 5.	641	520	81,12	22	4,23	2	0,38	10	1,92	3	483	75,35	92,88
30. 5.	649	537	82,74	20	3,72	5	0,93	9	1,67	2	501	77,20	93,30
6. 6.	592	489	82,60	20	4,09	6	1,23	9	1,84	8	446	75,34	91,21
13. 6.	574	472	92,23	29	6,14	3	0,64	7	1,48	7	426	74,22	90,25
27. 6.	100	84	84,00	5	5,95	2	2,38	4	4,76	—	73	73,00	86,90
11. 7.	100	84	84,00	5	5,95	1	1,19	6	7,14	1	71	71,00	84,52
25. 7.	100	82	82,00	2	2,44	—	—	4	4,87	—	76	76,00	92,68
9. 8.	554	428	77,26	22	5,14	6	1,40	11	2,57	1	388	70,03	90,65
15. 8.	449	340	75,72	28	8,24	2	0,58	11	3,24	—	299	66,59	87,94
22. 8.	561	445	79,32	19	4,27	2	0,44	9	2,02	2	413	73,62	92,81
28. 8.	629	487	77,42	29	5,95	6	1,23	12	2,46	5	435	69,16	89,32
Sa. 28 Bruten	17090	14254	83,41	636	4,46	164	1,15	343	2,41	155	12956	75,81	90,89
1. 14 Bruten	9932	8483	85,41	359	4,23	117	1,38	209	2,46	100	7698	77,51	90,75
2. 14 Bruten	7158	5771	80,62	277	4,80	47	0,81	134	2,32	55	5258	73,46	91,11

Tabelle 6
Brutergebnisse der Gruppe 2 Leghorn × (White Rock × Leghorn) 1961 (Versuch 1)

Datum Einlage	Einlage St.	befruchtete Eier St.	v. H. der Einlage	abgestorben 1.–6. Tag	v. H. der befruchteten Eier	abgestorben 7.–18. Tag	v. H. der befruchteten Eier	Steckenbleiber	v. H. der befruchteten Eier	Krüppel St.	Küken St.	v. H. der Einlage	v. H. der befruchteten Eier
25. 1.	650	608	93,54	37	6,09	16	2,63	20	3,29	14	521	80,15	85,69
31. 1.	580	535	92,24	20	3,74	17	3,18	20	3,74	7	471	81,21	88,04
7. 2.	668	622	93,11	23	3,70	12	1,93	22	3,54	10	554	82,93	89,07
14. 2.	824	755	91,63	26	3,44	12	1,59	29	3,84	13	676	82,04	89,54
21. 2.	913	845	92,55	33	3,91	16	1,89	27	3,20	24	718	78,64	84,97
28. 2.	886	810	91,42	34	4,20	15	2,59	31	3,83	23	701	79,12	86,54
7. 3.	887	819	92,33	41	5,00	16	1,95	43	5,25	8	711	80,16	86,81
16. 3.	600	547	91,17	44	8,04	10	1,82	19	3,47	8	466	77,67	85,19
23. 3.	1008	888	88,10	63	7,09	29	3,27	52	5,86	15	729	72,32	82,09
28. 3.	939	827	88,07	55	6,65	31	3,75	50	6,05	12	679	72,31	82,10
5. 4.	869	745	85,73	47	6,31	17	2,28	42	5,64	15	624	71,81	83,76
11. 4.	727	587	80,74	47	8,01	21	3,58	27	4,60	3	489	67,26	83,30
18. 4.	668	546	81,74	60	10,98	30	5,49	38	7,00	3	415	62,13	76,00
25. 4.	671	521	77,65	62	11,90	33	6,33	32	6,14	7	387	57,68	74,28
2. 5.	733	611	83,36	81	13,24	39	6,38	23	3,76	10	458	62,48	74,96
9. 5.	733	613	83,63	58	9,46	18	2,94	31	5,06	9	497	67,80	81,08
16. 5.	673	554	82,32	21	3,79	11	1,98	16	2,89	12	494	73,40	89,17
23. 5.	619	520	84,01	35	6,73	13	2,50	20	3,85	8	444	71,73	85,38
30. 5.	527	450	85,39	35	7,77	12	2,67	22	4,89	1	380	72,11	84,44
6. 6.	423	350	82,74	17	4,86	18	5,14	30	8,57	9	276	65,25	78,86
13. 6.	321	247	76,95	16	6,48	16	6,48	31	12,55	4	180	56,07	72,87
27. 6.	100	87	87,00	6	6,90	17	19,54	10	11,50	1	53	53,00	60,92
11. 7.	100	85	85,00	22	25,88	20	23,53	14	16,47	2	27	27,00	31,76
25. 7.	100	80	80,00	15	18,75	18	22,50	18	22,50	1	28	28,00	35,00
9. 8.	100	83	83,00	18	21,68	23	27,71	10	12,04	1	31	31,00	37,35
15. 8.	100	84	84,00	12	14,29	23	27,38	20	23,81	1	28	28,00	33,33
22. 8.	100	80	80,00	15	18,75	21	26,25	10	8,75	1	33	33,00	41,25
28. 8.	100	88	88,00	19	21,59	28	31,87	9	10,22	—	32	32,00	36,36
Sa. 28 Bruten	15619	13587	86,99	962	7,08	552	4,06	716	5,27	222	11102	71,08	81,71
1. 14 Bruten	10890	9655	88,66	592	6,13	275	2,85	452	4,68	162	8141	74,76	84,32
2. 14 Bruten	4729	3932	83,15	370	9,41	277	7,04	264	6,71	60	2961	62,61	75,31

ohne den Anteil von normal entwickelten Küken zugunsten von Krüppeln, Küken mit falschen Lagen oder Entwicklungsstörungen zu verschieben.

Tabelle 7

Statistische Auswertung der Befruchtung (Versuch 1)

Befruchtung	MQ	FG_V	FG_R	F	P
Gruppe 1:2 insgesamt	59,30	1	54	3,93	+
Gruppe 1 Abschnitt 1:2	117,43	1	26	14,08	+++
Gruppe 2 Abschnitt 1:2	155,29	1	26	12,69	++
Gruppe 1:2 Abschnitt 1	39,13	1	26	2,37	— — —
Gruppe 1:2 Abschnitt 2	21,44	1	26	5,25	++

In den Quoten der geschlüpften, gesunden Küken drückt sich der Bruterfolg im ganzen aus. Während in der Gruppe 1 im Mittel aller Bruten 75,81 v. H. der eingelegten und 90,8 v. H. der befruchteten Eier zum Schlupf kamen, lag das Ergebnis in der Gruppe 2 um 4,73 v. H. bzw. im Schlupf der Befruchtung um 9,18 v. H. unter den erstgenannten Werten. Die Gruppe 1 zeigte keinen Abfall im Verlauf der 28 Bruten, nur in den Werten Schlupf der Einlage kam wiederum das Sinken des Anteils der Befruchtung gesichert zum Ausdruck (Abb. 3). In der Gruppe 2 trat der Rückgang in den Brutresultaten, vor allem in den letzten 2 Monaten, mit Ergebnissen von 27,50 und 31,00 v. H. deutlich hervor; die Mittelwertdifferenzen konnten hoch gesichert werden (Tab. 8).

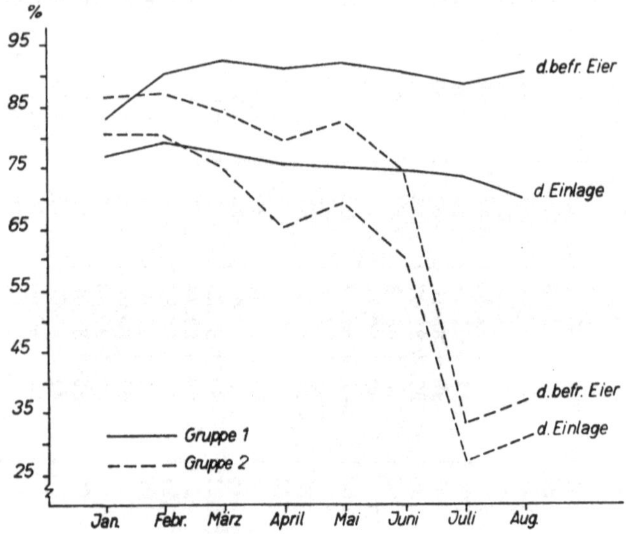

Abb. 3: Monatliche Durchschnitts-Schlupfergebnisse im Versuch 1

Übereinstimmend mit den Ergebnissen von HATTENHAUER (1961) und GÖBEL (1960/61) bestätigt der Versuch, daß die mit synthetischen Vitaminzusätzen gefütterten Tiere die bessere Legeleistung und Futterverwertung erreichen. Die guten Resultate in der Brut sind ein Beweis dafür, daß durch die Intensivhaltung bei richtiger Fütterung und ausreichender Vitaminversorgung gleichbleibend gute Resultate erzielt werden können.

Tabelle 8
Statistische Auswertung des Schlupfes der eingelegten und befruchteten Eier (Versuch 1)

	MQ	FG_V	FG_R	F	P
Schlupf der Einlage					
Gruppe 1:2 insgesamt	762,21	1	54	10,58	++
Gruppe 1 Abschnitt 1:2	69,33	1	26	19,86	+++
Gruppe 2 Abschnitt 1:2	1667,21	1	26	21,01	+++
Gruppe 1:2 Abschnitt 1	10,69	1	26	0,64	---
Gruppe 1:2 Abschnitt 2	1279,80	1	26	19,28	+++
Schlupf der befruchteten Eier					
Gruppe 1:2 insgesamt	2256,85	1	54	25,24	+++
Gruppe 1 Abschnitt 1:2	1,28	1	26	0,14	---
Gruppe 2 Abschnitt 1:2	1710,39	1	26	15,45	+++
Gruppe 1:2 Abschnitt 1	181,72	1	26	13,30	++
Gruppe 1:2 Abschnitt 2	2884,22	1	26	27,16	+++

2.3. Leistungsergebnisse von Leghorn und Legekreuzungen bei vorangegangener Intensiv- und Auslaufhaltung der Junghennen

Im zweiten Versuch wurde unter Beibehaltung der bewährten Fütterung mit synthetischen Vitaminzusätzen die Beeinflussung von Entwicklung und Leistung durch die Auslauf- und Intensivhaltung in der Jungtierperiode überprüft. Da die Versuchstiere von intensiv gehaltenen Zuchtherden abstammten und die Aufzucht bis zum Jungtier gleichfalls ohne Auslauf erfolgte, ergab sich bei diesem Versuch für einen Teil der Hennen die Form ausschließlicher Intensivhaltung. Durch Einbeziehung der Nachzucht bis zum 8-Wochen-Alter in die Untersuchungen sollte die Frage der Vitalität eine besondere Berücksichtigung erfahren.

2.3.1. Ergebnisse in der Jungtierperiode

Für den Versuch standen insgesamt 1015 gleichaltrige Junghennen der Rasse Weiße Leghorn und Kreuzungen White Rock × Leghorn zur Verfügung. Die 8 Wochen alten Junghennen wurden getrennt nach Rasse bzw. Kreuzung in folgende Gruppen aufgeteilt:

Gruppe 3	Leghorn-Auslaufhaltung	232 Tiere
Gruppe 4	Leghorn-Intensivhaltung	320 Tiere
	insgesamt	552 Tiere
Gruppe 5	Kreuzungen-Auslaufhaltung	213 Tiere
Gruppe 6	Kreuzungen-Intensivhaltung	250 Tiere
	insgesamt	463 Tiere

Alle Gruppen erhielten ein gleiches Alleinfutter in Mehlform mit 15,61 v. H. Rohprotein, 61,14 v. H. Gesamtnährstoffen und einem Eiweiß-Verhältnis von 1:3,95. Die Vitaminierung über das Wirkstoffkonzentrat betrug je kg Alleinfutter 8000 IE Vitamin A, 15000 IE Vitamin D_2, 10 mcg Vitamin B_{12} und 10 mg Antibioticum.

Aus der Abb. 4 geht hervor, daß im Verlauf des Wachstums in allen Altersabschnitten die Intensivgruppen die höheren durchschnittlichen Körpermassen

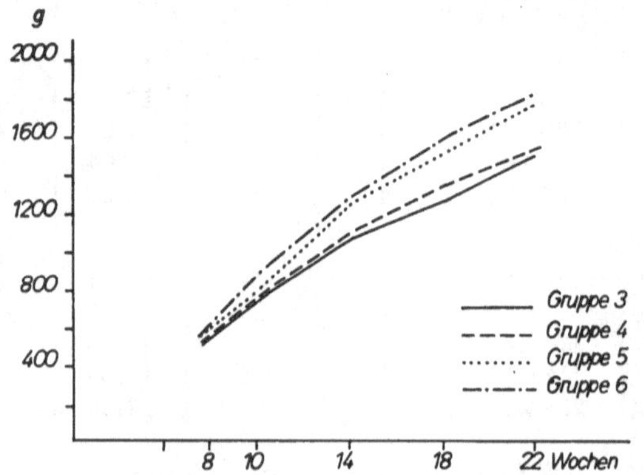

Abb. 4: Verlauf des Wachstums in der Jungtierperiode im Versuch 2

erreichten. Am Ende der Jungtierperiode betrug dieser Unterschied 3 und 4 v. H. Zwischen den Kreuzungsgruppen war die Mittelwertdifferenz gesichert, dagegen nur schwach gesichert für die Leghorngruppen auf Grund der hohen Streuungswerte (s $\pm$139,8 g und s $\pm$165,2 g).

Tabelle 9
Statistische Auswertung der Körpermassen in den einzelnen Altersabschnitten (Versuch 2)

Körpermassen		MQ	FG_V	FG_R	F	P
10 Wochen	Gruppe 3:4	30076,44	1	543	2,13	— — —
	Gruppe 5:6	41477,51	1	457	21,71	+++
14 Wochen	Gruppe 3:4	124179,68	1	533	5,00	+
	Gruppe 5:6	78920,08	1	454	3,88	+
18 Wochen	Gruppe 3:4	702704,11	1	514	38,82	+++
	Gruppe 5:6	615291,19	1	448	24,99	+++
22 Wochen	Gruppe 3:4	209651,03	1	508	8,33	+
	Gruppe 5:6	252993,23	1	447	5,62	++

Der Futterverzehr war gegenüber den Vergleichsgruppen mit Auslaufhaltung bei der intensiven Haltung der Leghorn um 1 v. H. und bei den Kreuzungen um 5 v. H. höher (Tab. 10). Der Mehrverbrauch an Futter entstand besonders im Altersabschnitt 18. bis 22. Lebenswoche und dürfte mit der früher einsetzenden Legetätigkeit der intensiv gehaltenen Tiere im Zusammenhang stehen. Für die Futterverwertung bis zur 22. Lebenswoche ergab sich kein einheitliches Ergebnis. Während bei der Leghorn-Intensivgruppe die Rohverwertung um 3 v. H. besser ausfiel, war sie bei den intensiv gehaltenen Kreuzungen geringfügig um 1 v. H. schlechter. Die Verluste, einschließlich einiger wegen schlechter Entwicklung ausgemerzter Tiere, lagen bei den Intensivgruppen 4 und 6 mit 5,3 v. H. bzw. 2,0 v. H. etwas niedriger. Die Differenz betrug zwischen den Leghorngruppen 1,6 v. H. und bei den Kreuzungen 0,8 v. H. Bei den vermehrten Abgängen der im Auslauf aufgezogenen Tiere handelte es sich um Raubwildschäden, so daß kein Einfluß der Haltungsform auf die durch Krankheiten verursachten Todesfälle festzustellen war.

Tabelle 10

Durchschnittlicher Futterverzehr und Rohverwertung je Tier in den einzelnen Altersabschnitten (Versuch 2)

Gruppe Haltungsform	3 extensiv		4 intensiv		5 extensiv		6 intensiv	
Futterverzehr	g	v. H.	g	v. H.	g	v. H.	g	v. H.
9.–10. Woche	875,5	100	892,6	102	918,4	100	952,6	104
11.–14. Woche	2318,7	100	2195,0	95	2208,5	100	2410,7	109
15.–18. Woche	2177,6	100	2133,1	98	2717,4	100	2573,7	95
19.–22. Woche	2300,1	100	2516,7	109	2598,9	100	2888,9	111
Insgesamt	7671,7	100	7737,4	101	8443,2	100	8825,9	105
Rohverwertung	kg	v. H.	kg	v. H.	kg	v. H.	kg	v. H.
9.–10. Woche	3,69	100	3,70	98	4,20	100	3,26	78
11.–14. Woche	6,49	100	6,96	107	4,81	100	5,87	122
15.–18. Woche	12,70	100	7,58	60	10,19	100	8,19	80
19.–22. Woche	9,88	100	12,72	129	9,76	100	12,06	124
Insgesamt	7,73	100	7,47	97	6,97	100	7,02	101

2.3.2. Ergebnisse in der Legeperiode

Mit dem Abschluß der 22. Lebenswoche erfolgte die Einstallung getrennt nach Junghennengruppen unter Beibehaltung derselben Gruppennummern in den Legehennenstall. Die Hennen standen bis zu ihrem 500. Lebenstag im Versuch; das entspricht einem Zeitraum von 345 Tagen. Alle Gruppen erhielten Leghorn-Zuchthähne in einem Verhältnis von 1:16 angepaart. Die arbeitssparende Alleinfuttermethode wurde auch in der Legeperiode beibehalten. Gegenüber dem Junghennenalleinfutter erhöhte sich der Anteil an Gesamtnährstoffen im Legehennenfutter auf 66,21 v. H., während der Rohproteinanteil fast gleich blieb, so daß ein weiteres Eiweiß-Verhältnis von 1:4,28 entstand. Zur Ergänzung der Vitaminversorgung, besonders wegen des fehlenden Vitamins D_3 im Wirkstoffkonzentrat, erhielten die Hennen bei der Einstallung und den Zwischenwägungen je Tier 1 cm^3 Trivitamin subkutan. Die Zuchthähne bekamen die doppelte Dosis.

Die relative Legeleistung betrug zum Zeitpunkt der Einstallung für die intensiv aufgezogenen Gruppen 4 und 6 12,0 bzw. 13,0 v. H. und für die Vergleichsgruppen 3 und 5 9,1 bzw. 5,7 v. H. Die Intensivgruppen erreichten eine Legeleistung von 50 v. H. bereits im Alter von 24 Wochen (168 Tagen), während die Hennen der Gruppe 3 diese Leistungshöhe drei Tage und die der Gruppe 5 erst sieben Tage später erreichten.
In der 345 Tage umfassenden Legeperiode fiel die Eierleistung bei den Leghornhennen mit vorangegangener Intensivaufzucht um 2 v. H. höher gegenüber den im Auslauf aufgezogenen Hennen aus. Der Unterschied bei den Kreuzungshennen betrug 6 v. H. zugunsten der intensiv aufgezogenen Tiere. Die Mittelwertdifferenzen konnten in keinem Fall gesichert werden (Tab. 11).
Die Winterlegeleistung war bei den intensiv aufgezogenen Gruppen 4 und 6 um 9 v. H. bzw. 10 v. H. höher, dagegen erreichten die Auslaufgruppen eine bessere Sommerlegeleistung. HATTENHAUER (1961) und WEGENER (1962) fanden bei ihren Versuchen eine ähnliche Verschiebung der Legeleistung bei intensiv und im Auslauf aufgezogenen Junghennen.
Die Ursache für den Leistungsrückgang in den Monaten November bis Januar war eine ansteckende Schnupfen- und teilweise damit kombiniert auftretende Pockenerkrankung des gesamten Tierbestandes (Abb. 5). Durch das länger andauernde schlechte Stallklima in den Herbst- und Wintermonaten hatten die

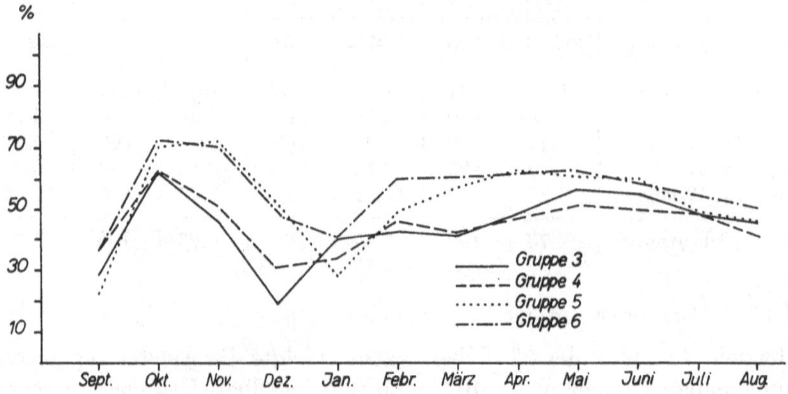

Abb. 5: Verlauf der relativen Legeleistung im Versuch 2

therapeutischen Maßnahmen nur einen langsamen Erfolg. Im Vergleich zu den Leghorn erkrankten die Kreuzungsgruppen weniger akut und erreichten mit durchschnittlich 191,3 Eiern je Henne noch eine gute Jahresleistung. Dagegen konnten die Leghorngruppen mit 154,4 Eiern nicht mehr befriedigen.
Die geringen Unterschiede in den Einzeleimassen im Winterhalbjahr zwischen den Gruppen, zugunsten der im Auslauf aufgezogenen Hennen, wurden durch die Intensivgruppen im Sommerhalbjahr wieder weitgehend ausgeglichen. Sowohl bei den Zwischenauswertungen als auch im gesamten Versuchszeitraum waren die Differenzen zufällig und ohne Bedeutung.

Tabelle 11
Legeleistung (nach Futtertagen) und Einzeleimasse (Versuch 2)

Gruppe Junghennenaufzucht	Eier je Henne in St.				Einzeleimasse in g			
	3 ext.	4 int.	5 ext.	6 int.	3 ext.	4 int.	5 ext.	6 int.
ab 13. September	5,1	6,5	3,9	6,5	45,2	42,9	45,1	46,6
Oktober	19,2	19,4	21,7	22,5	47,5	47,1	49,4	49,0
November	13,7	15,1	21,5	21,0	50,4	50,2	52,1	51,5
Dezember	5,8	9,5	16,1	15,2	51,5	52,3	53,4	52,2
Januar	12,2	10,5	8,8	12,5	55,5	55,3	55,4	55,0
Februar	11,7	12,9	13,7	16,7	56,5	57,4	57,7	56,4
September bis Februar	67,7	73,9	85,7	94,4	51,1	50,8	52,5	51,9
v. H.	100	109	100	110	100	99	100	99
März	12,6	13,1	17,7	18,5	58,1	58,1	57,8	58,4
April	14,2	14,1	18,8	18,5	58,1	58,4	59,1	59,0
Mai	17,2	15,8	18,5	19,3	57,6	58,7	59,0	59,0
Juni	16,3	14,7	17,9	17,7	57,8	59,2	59,5	59,2
Juli	14,7	14,7	16,6	16,9	57,3	59,4	59,7	60,1
bis 23. August	10,2	9,6	10,4	11,5	57,7	58,6	60,0	59,8
März bis August	85,2	82,0	100,0	102,4	57,8	58,8	59,1	59,2
v. H.	100	96	100	102	100	102	100	100
September bis August	152,9	155,9	185,7	196,8	54,4	54,5	55,9	55,5
v. H.	100	102	100	106	100	100	100	99

Der durchschnittliche tägliche Futterverzehr lag sowohl für die Leghorn mit 110 g als auch für die Kreuzungsgruppen mit 126,5 g in normalen Grenzen. Im Durchschnitt der Legeperiode war damit bei den Kreuzungen die Futteraufnahme um 11 v. H. höher als bei den Leghorn.
Hinsichtlich des Futterverzehrs zwischen den intensiv und im Auslauf aufgezogenen Hennengruppen ergaben sich keine wesentlichen Unterschiede. Infolge der schlechteren Legeleistung bei den im Auslauf aufgezogenen Kreuzungshennen fiel für diese Gruppe die Futterverwertung mit 4,22 je kg Eimasse um 6 v. H. ungünstiger aus gegenüber der Vergleichsgruppe.
Die Körpermasseentwicklung während der Legeperiode wird in Tab. 12 dargestellt.
Die Leghornhennen der intensiven Aufzuchtgruppe wiesen auch bei Versuchsende mit 1781 g um 82 g = 5 v. H. gesichert höhere Körpermassen als die der Gruppe 3 auf. Im Gegensatz dazu wurde der Unterschied bei Beginn der Legeperiode zugunsten der intensiv aufgezogenen Kreuzungsgruppe durch die Mehrzunahmen der Vergleichsgruppe schon bei der ersten Zwischenwägung ausgeglichen. Die Hennen der Gruppen 5 und 6 wogen bei der Ausstallung durchschnittlich 2266 g bzw. 2299 g.
Aus den Verlusten sowohl der Leghorn- als auch der Kreuzungsgruppen ergaben sich keine Anhaltspunkte über einen Einfluß durch die unterschiedliche Jung-

Tabelle 12
Durchschnittliche Körpermasse je Henne (Versuch 2)

Gruppe Junghennen-aufzucht	3 extensiv		4 intensiv		5 extensiv		6 intensiv	
	g	v. H.	g	v. H	g	v. H.	g	v. H.
22. Woche	1513	100	1564	103	1782	100	1848	104
34. Woche	1481	100	1600	108	2127	100	2123	100
46. Woche	1703	100	1745	102	2220	100	2189	99
58. Woche	1736	100	1826	105	2270	100	2296	101
Versuchsende	1699	100	1781	105	2266	100	2299	101
Zunahme	186	100	217	117	484	100	451	93

tieraufzucht. Die Abgänge in den zwei Kreuzungsgruppen lagen mit 20,7 v. H. um 12,1 v. H. unter denen der Leghorngruppen. Die geringeren Verluste sind besonders auf die weniger akute Erkrankung der Hennen in den Wintermonaten zurückzuführen und somit ein Ausdruck für die bessere Vitalität der Kreuzungstiere.

Mit der Brut wurde am 2. Februar 1962 für alle vier Versuchsgruppen begonnen. Von den Leghornhennen konnten in je 21 Bruten aus der Gruppe 3 11768 und aus der Gruppe 4 11633 Eier eingelegt werden. Durch die um einen Monat verlängerte Brutzeit bei den Kreuzungstieren kamen insgesamt von der Gruppe 5 15204 und von der Gruppe 6 16913 Eier zur Einlage (Tab. 13 bis 16).

Der Anteil der befruchteten Eier lag im Mittel über 90 v. H. der eingelegten Eier, womit die Voraussetzung für gute Brutresultate gegeben war. Analog zu den Ergebnissen im Versuch 1 wurde auch in diesen Untersuchungen ein Nachlassen der Befruchtung in allen Gruppen festgestellt. Der Unterschied von den Frühjahrs- zu den Sommerbruten betrug 2,86 bis 4,33 v. H. Die Ursache für die langsame Minderung der Zuchtfähigkeit der Hähne konnte nicht geklärt werden und bleibt weiteren Untersuchungen vorbehalten.

Die Embryonensterblichkeit in der Zeit vom 1. bis 18. Bruttag sowie die Zahlen der Steckenbleiber waren auf Grund der geringen Werte als sehr günstig anzusprechen. In keiner Gruppe überstieg die Gesamtzahl der nicht lebensfähigen Embryonen und Küken 10 v. H. der befruchteten Eier. In der Anzahl sowie bei Untersuchung der toten Embryonen nach dem Tag des Absterbens ergaben sich keinerlei Anhaltswerte für ein Abweichen vom Normalen zwischen den im Auslauf und intensiv aufgezogenen Hennengruppen. Die gleiche Feststellung konnte bei der Untersuchung der Steckenbleiber getroffen werden.

Ebenso war der Anteil an Krüppeln einschließlich der lebensschwachen Küken mit Werten unter 2 v. H. normal und somit ein Ausdruck für die einwandfreie Qualität des Kükenmaterials.

Die Schlupfresultate der Leghorngruppe 3 erreichten im Mittel 81,67 v. H. der Einlage und 91,03 v. H. der Befruchtung, die Gruppe 4 erzielte 83,34 v. H. der eingelegten und 89,29 v. H. der befruchteten Eier. Die geringen Mittelwert-

Tabelle 13

Brutergebnisse der Gruppe 3 Leghorn × Leghorn, Zuchtjahr 1962 (Versuch 2)

Datum Einlage	Einlage St.	befruchtete Eier St.	v. H. der Einlage	abgestorben 1.–6. Tag	v. H. der befruchteten Eier	abgestorben 7.–18. Tag	v. H. der befruchteten Eier	Steckenbleiber	v. H. der befruchteten Eier	Krüppel St.	Küken St.	v. H. der Einlage	v. H. der befruchteten Eier
2. 2.	549	516	93,99	15	2,91	4	0,78	7	1,36	24	466	84,88	90,31
9. 2.	511	478	93,54	7	1,46	7	1,46	17	3,56	11	436	85,32	91,21
16. 2.	478	450	94,14	15	3,14	1	0,22	11	2,44	6	417	87,24	92,67
23. 2.	455	422	92,75	8	1,90	—	—	3	0,71	3	408	89,67	96,68
2. 3.	457	414	90,59	15	3,62	3	0,72	8	1,93	10	378	82,71	91,30
23. 3.	919	813	88,47	30	3,69	8	0,98	28	3,44	1	746	81,18	91,76
6. 4.	764	677	88,61	20	2,95	7	1,03	56	8,27	4	590	77,22	87,15
13. 4.	504	462	91,67	26	5,63	5	1,08	27	5,84	8	396	78,57	85,71
20. 4.	550	501	91,10	12	2,40	4	0,80	20	3,99	6	459	83,45	91,62
27. 4.	550	496	90,17	10	2,02	7	1,41	7	1,41	5	467	84,91	94,15
4. 5.	555	513	92,42	16	3,12	5	0,98	18	3,51	4	470	84,68	91,62
25. 5.	597	527	88,28	19	3,61	5	0,95	16	3,36	7	480	80,40	91,08
1. 6.	600	521	86,84	21	4,03	7	1,34	27	5,18	9	457	76,17	87,72
8. 6.	618	538	87,04	13	2,42	9	1,67	11	2,04	5	500	80,91	92,94
15. 6.	596	538	90,27	20	3,72	4	0,74	21	3,90	12	481	80,70	89,41
22. 6.	530	473	89,25	14	2,96	5	1,06	13	2,75	6	435	82,08	91,97
29. 6.	522	446	85,43	15	3,36	5	1,12	11	2,47	3	412	78,93	92,24
6. 7.	474	412	86,92	11	2,67	3	0,73	16	3,88	6	376	79,32	91,26
16. 7.	583	511	87,65	24	4,70	7	1,37	11	2,15	3	466	79,93	91,19
23. 7.	488	431	88,32	24	5,57	3	0,70	5	1,16	8	391	80,12	90,71
30. 7.	468	419	89,53	23	5,49	5	1,19	7	1,67	4	380	81,20	90,69
Sa. 21 Bruten	11768	10558	89,72	358	3,39	104	0,99	340	3,22	145	9611	81,67	91,03
1. 10 Bruten	5737	5229	91,15	158	3,02	46	0,88	184	3,52	78	4763	83,02	91,09
2. 11 Bruten	6031	5329	88,36	200	3,75	58	1,09	156	2,93	67	4848	80,38	90,97

Tabelle 14

Brutergebnisse Gruppe 4 Leghorn × Leghorn, Versuch 2, 1964

Datum Einlage	Einlage St.	befruchtete Eier St.	v. H. der Einlage	abgestorben 1.–6. Tag	v. H. der befruchteten Eier	abgestorben 7.–18. Tag	v. H. der befruchteten Eier	Steckenbleiber	v. H. der befruchteten Eier	Krüppel St.	Küken St.	v. H. der Einlage	v. H. der befruchteten Eier
2. 2.	605	579	95,70	22	3,80	1	0,17	13	2,25	24	519	85,58	89,64
9. 2.	612	587	95,92	20	3,41	5	0,85	18	3,07	22	522	85,29	88,93
16. 2.	518	496	95,75	16	3,23	5	1,01	17	3,43	7	451	87,07	90,93
23. 2.	507	474	93,49	17	3,59	3	0,63	8	1,69	11	435	85,80	91,77
2. 3.	507	468	92,31	13	2,78	2	0,43	16	3,42	7	430	84,81	84,81
23. 3.	947	899	94,93	37	4,12	5	0,56	50	5,56	2	805	85,01	89,54
6. 4.	896	849	94,75	21	2,47	10	1,18	45	5,30	14	759	84,71	89,40
13. 4.	504	480	95,24	17	3,54	6	1,25	6	1,25	12	439	87,10	91,46
20. 4.	550	516	93,82	14	2,71	5	0,97	11	2,13	2	484	88,00	93,44
27. 4.	550	518	94,17	17	3,28	12	2,32	47	9,07	5	437	79,45	84,36
4. 5.	500	473	94,60	17	3,59	5	1,06	11	2,33	3	437	87,40	92,39
25. 5.	532	507	95,29	29	5,72	8	1,59	27	5,33	9	434	81,58	85,60
1. 6.	503	453	90,06	12	2,65	6	1,32	23	5,08	11	401	79,72	88,52
8. 6.	474	424	89,44	15	3,54	4	0,94	21	4,43	12	372	78,48	87,74
15. 6.	488	447	91,60	34	7,61	4	0,89	20	4,47	10	379	77,66	84,79
22. 6.	505	474	93,86	15	3,16	7	1,48	15	3,16	7	430	85,15	90,72
29. 6.	497	455	91,55	18	3,96	6	1,32	10	2,20	6	415	83,50	91,21
6. 7.	474	428	90,30	18	4,21	4	0,93	16	3,74	6	384	81,01	89,72
16. 7.	616	555	90,10	39	7,03	6	1,08	10	1,80	14	486	78,90	87,57
23. 7.	432	400	92,59	19	4,75	6	1,50	14	3,50	7	354	81,94	88,50
30. 7.	416	376	90,38	31	8,24	2	0,53	9	2,39	12	322	77,40	85,64
Sa. 21 Bruten	11633	10858	93,34	441	4,06	112	1,03	407	3,75	203	9695	83,34	89,29
1. 10 Bruten	6196	5866	94,67	194	3,31	54	0,92	231	3,94	106	5281	85,23	90,03
2. 11 Bruten	5437	4992	91,81	247	4,95	58	1,16	176	3,52	97	4414	81,18	88,42

Tabelle 15
Brutergebnisse der Gruppe 5 Leghorn × (White Rock × Leghorn) 1962 (Versuch 2)

Datum Einlage	Einlage St.	befruchtete Eier St.	v. H. der Einlage	abgestorben 1.–6. Tag	v. H. der befruchteten Eier	abgestorben 7.–18. Tag	v. H. der befruchteten Eier	Steckenbleiber	v. H. der befruchteten Eier	Krüppel St.	Küken St.	v. H. der Einlage	v. H. der befruchteten Eier
2. 2.	453	436	96,25	15	3,44	4	0,92	6	1,38	5	406	89,62	93,12
9. 2.	554	527	95,13	18	3,42	7	1,33	13	2,47	11	478	86,28	90,70
s16. 2.	559	525	93,92	11	2,10	11	2,10	19	3,62	6	478	85,51	91,05
23.2.	567	539	95,06	16	2,97	4	0,74	17	3,15	4	498	87,83	92,39
2. 3.	619	594	95,96	20	3,37	3	0,51	11	1,85	12	548	88,53	92,26
30. 3.	1223	1154	94,36	47	4,07	3	0,26	23	1,99	–	1081	88,39	93,67
6. 4.	598	564	94,32	17	3,01	4	0,71	12	2,13	7	524	87,63	92,91
13. 4.	500	467	93,40	13	2,78	5	1,07	14	3,00	6	429	85,80	91,86
20. 4.	550	526	95,66	18	3,42	1	0,19	10	1,90	13	484	88,00	92,02
27. 4.	550	522	94,89	14	2,68	7	1,34	15	2,87	4	482	87,64	92,34
4. 5.	612	575	92,96	22	3,83	4	0,70	15	2,61	3	531	86,76	92,35
11. 5.	300	281	93,65	9	3,20	5	1,78	7	2,49	3	257	85,57	91,46
25. 5.	672	659	98,07	35	5,31	9	1,37	14	2,12	10	591	87,95	89,68
1. 6.	672	623	92,69	34	5,46	4	0,64	33	5,30	12	540	80,36	86,68
8. 6.	624	588	94,22	25	4,25	21	3,57	38	6,46	20	484	77,56	82,31
15. 6.	550	509	92,55	41	8,06	7	1,38	21	4,13	11	429	78,00	84,28
22. 6.	647	597	92,28	27	4,52	10	1,67	15	2,51	15	530	81,92	88,78
29. 6.	630	556	88,24	33	5,94	15	2,70	14	2,52	9	485	76,98	87,23
6. 7.	592	526	88,84	24	4,56	7	1,33	32	6,08	7	456	77,03	86,69
16. 7.	750	688	91,73	32	4,65	7	1,02	15	2,18	13	621	82,80	90,26
23. 7.	553	499	90,24	34	6,81	7	1,40	18	3,61	6	434	78,48	86,97
30. 7.	529	473	89,41	26	5,50	4	0,85	11	2,33	4	428	80,91	90,49
6. 8.	450	409	90,89	30	7,33	15	3,68	25	6,11	9	330	73,33	80,68
13. 8.	400	364	91,00	29	7,97	6	1,65	31	8,52	18	280	70,00	76,92
20. 8.	400	348	87,00	30	8,62	6	1,72	10	2,87	2	300	75,00	86,21
27. 8.	650	572	88,00	43	7,52	6	1,05	14	2,45	13	496	76,31	86,71
Sa. 26 Bruten	15204	14121	92,88	663	4,70	182	1,29	453	3,21	223	12600	82,87	89,23
1. 13 Bruten	7757	7369	95,00	225	3,46	67	0,91	176	2,39	84	6787	87,50	92,10
2. 13 Bruten	7447	6752	90,67	408	6,04	115	1,70	277	4,10	139	5813	78,06	86,09

Tabelle 16

Brutergebnisse der Gruppe 6 Leghorn × (White Rock × Leghorn) 1962 (Versuch 2)

Datum Einlage	Einlage St.	befruchtete Eier St.	v. H. der Einlage	abgestorben 1.–6. Tag	v. H. der befruchteten Eier	abgestorben 7.–18. Tag	v. H. der befruchteten Eier	Steckenbleiber	v. H. der befruchteten Eier	Krüppel St.	Küken St.	v. H. der Einlage	v. H. der befruchteten Eier
2. 2.	672	649	96,58	17	2,62	4	0,62	11	1,69	26	591	87,95	91,06
9. 2.	731	708	96,85	14	1,98	5	0,71	16	2,26	17	656	89,74	92,66
16. 2.	723	699	96,68	9	1,29	4	0,57	12	1,72	2	672	92,95	96,14
23. 2.	767	741	96,61	20	2,70	3	0,40	12	1,62	7	699	91,13	94,33
2. 3.	761	730	95,93	13	1,78	4	0,55	8	1,05	3	702	92,25	96,16
30. 3.	1344	1273	94,72	43	3,38	13	1,02	35	2,75	—	1182	87,95	92,92
6. 4.	634	595	93,85	16	2,69	7	1,18	9	1,51	1	562	88,64	94,45
13. 4.	504	478	94,85	22	4,60	7	1,46	11	2,30	4	434	86,11	90,79
20. 4.	550	523	95,09	31	5,93	1	1,91	13	2,49	10	468	85,09	89,48
27. 4.	550	529	96,17	12	2,27	5	0,95	9	1,70	7	496	90,18	93,76
4. 5.	590	564	95,58	26	4,61	1	0,18	8	1,42	2	527	89,32	93,44
11. 5.	300	277	92,34	2	0,72	4	1,44	4	1,44	5	262	87,33	94,58
25. 5.	713	686	96,22	20	2,92	2	0,91	13	1,89	5	646	90,60	94,17
1. 6.	672	632	94,05	44	6,96	6	0,95	28	4,43	10	544	80,95	86,08
8. 6.	672	621	92,40	20	3,22	9	1,45	20	3,22	10	562	83,63	90,50
15. 6.	550	501	91,08	37	7,39	3	0,60	16	3,19	6	439	79,82	87,62
22. 6.	697	627	90,00	27	4,31	6	0,96	11	1,75	4	579	83,01	92,34
29. 6.	643	579	90,03	30	5,18	6	1,04	14	2,57	2	527	81,96	91,02
6. 7.	607	536	88,31	17	3,17	1	0,19	23	4,29	7	488	80,40	91,44
16. 7.	794	738	92,95	27	3,66	7	0,95	20	2,71	6	678	85,39	91,87
23. 7.	614	577	93,97	19	3,29	7	1,21	9	1,56	6	536	87,30	92,89
30. 7.	590	547	92,71	26	4,75	5	0,91	13	2,38	7	496	84,07	90,68
6. 8.	450	413	91,78	19	4,60	15	3,63	16	3,87	5	358	79,56	86,68
13. 8.	400	368	92,00	29	7,88	13	3,53	32	8,70	13	281	70,25	76,36
20. 8.	400	367	91,65	69	18,80	7	1,91	21	5,72	7	263	65,75	71,66
27. 8.	985	906	91,98	66	7,28	11	1,21	25	2,76	13	791	80,30	87,31
Sa. 26 Bruten	16913	15864	93,80	675	4,25	156	0,98	409	2,58	185	14439	85,37	91,02
1. 13 Bruten	8839	8452	95,62	245	2,90	60	0,71	161	1,90	89	7897	89,34	93,43
2. 13 Bruten	8074	7412	91,80	430	5,80	96	1,30	248	3,35	96	6542	81,03	88,26

differenzen mit 1,67 v. H. und 1,74 v. H. erwiesen sich in der statistischen Berechnung als zufällig (Tab. 17). Die Gegenüberstellung der Werte des ersten Brutabschnittes mit dem folgenden ließ einen Abfall im Schlupf der Einlage erkennen. Während diese Quoten eine hohe bzw. mittlere Sicherung zeigten, waren im Schlupf von den befruchteten Eiern die geringeren Unterschiede statistisch nicht zu sichern und somit ohne Bedeutung.

Tabelle 17

Statistische Auswertung des Schlupfes der eingelegten und befruchteten Eier der Gruppen 3 und 4 (Versuch 2)

	MQ	FG_V	FG_R	F	P
Schlupf der Einlage					
Gruppe 3:4 insgesamt	20,12	1	40	2,58	– – –
Gruppe 3 Abschnitt 1:2	173,30	1	19	27,31	+ + +
Gruppe 4 Abschnitt 1:2	59,69	1	19	12,61	+ +
Gruppe 3:4 Abschnitt 1	14,11	1	18	1,74	– – –
Gruppe 3:4 Abschnitt 2	6,90	1	20	2,14	– – –
Schlupf der befruchteten Eier					
Gruppe 3:4 insgesamt	21,22	1	40	0,34	– – –
Gruppe 3 Abschnitt 1:2	5,27	1	19	0,83	– – –
Gruppe 4 Abschnitt 1:2	17,96	1	19	3,28	– – –
Gruppe 3:4 Abschnitt 1	4,74	1	18	0,48	– – –
Gruppe 3:4 Abschnitt 2	18,28	1	20	7,55	+

Die Kreuzungen der Gruppe 5 erzielten einen Schlupf von 82,87 v. H. der Einlage und 89,23 v. H. der befruchteten Eier. Geringfügig besser war das Resultat der Gruppe 6 mit 85,37 v. H. der eingelegten und 91,02 v. H. der befruchteten Eier. Die Differenzen zwischen den Gruppen lagen im Zufallsbereich. Bei den geschlüpften Küken in Relation zu den eingelegten sowie zu den befruchteten Eiern zeigten die Kreuzungsgruppen einen gesicherten jahreszeitlichen Abfall.

Tabelle 18

Statistische Auswertung des Schlupfes der eingelegten und befruchteten Eier der Gruppen 5 und 6 (Versuch 2)

	MQ	FG_V	FG_R	F	P
Schlupf der Einlage					
Gruppe 5:6 insgesamt	34,26	1	50	1,73	– – –
Gruppe 5 Abschnitt 1:2	229,23	1	24	19,46	+ + +
Gruppe 6 Abschnitt 1:2	344,42	1	24	35,52	+ + +
Gruppe 5:6 Abschnitt 1	18,89	1	24	2,88	– – –
Gruppe 5:6 Abschnitt 2	15,46	1	24	3,21	– – –
Schlupf der befruchteten Eier					
Gruppe 5:6 insgesamt	26,71	1	50	1,61	– – –
Gruppe 5 Abschnitt 1:2	180,27	1	24	43,61	+ + +
Gruppe 6 Abschnitt 1:2	218,40	1	24	15,86	+ + +
Gruppe 5:6 Abschnitt 1	18,77	1	24	6,85	+
Gruppe 5:6 Abschnitt 2	8,86	1	24	0,59	– – –

Die ausnahmslos guten Brutergebnisse in den Gruppen 4 und 6 mit Mittelwerten von über 80 v. H. der eingelegten und um 90 v. H. der befruchteten Eier rechtfertigen die Schlußfolgerung, daß mit gleich gutem Erfolg eine intensive Aufzucht in der Jungtierperiode betrieben werden kann.

2.3.2. Aufzuchtergebnisse

Die Untersuchungen sollten eine Aussage darüber treffen, ob sich durch die vorangegangene Intensiv- bzw. Auslaufhaltung der Elterntiere in der Jungtierperiode ein Einfluß auf die Nachkommen bemerkbar macht.
Aus jeder Versuchsgruppe wurden von 16 Schlüpfen die geschlechtssortierten weiblichen Küken bis zur 8. Lebenswoche aufgezogen. Der Anfangsbesatz je m^2 Stallgrundfläche betrug 15 Küken. Das allen Gruppen zur freien Aufnahme gereichte mehlige Alleinfutter hatte eine Nährstoffzusammensetzung von 17,78 v. H. Rohprotein, 3,04 v. H. Rohfett, 3,78 v. H. Rohfaser und ein Eiweiß-Verhältnis von 1:3,38. Die Wirkstoffbeimischung je kg Futter betrug 8000 IE Vitamin A, 1000 IE Vitamin D_3 und 10 mg Antibioticum. Außerdem enthielt das Aufzuchtfutter ein Kokzidiostatika.
Die Einsatzmassen der geschlechtssortierten Hennenküken waren sehr einheitlich. Die erreichten mittleren 8-Wochen-Massen für die Leghorn der Gruppen 3 und 4 lagen bei 531,7 g bzw. 533,8 g. Die Nachzucht der Kreuzungsgruppen erreichten 572,5 g und 576,2 g.

Tabelle 19
Zusammenstellung der durchschnittlichen Ergebnisse von den Nachzuchtgruppen (Versuch 2)

Nachzuchtgruppe	Anfangsbestand St.	Einsatzmasse g	4-Wochen-Masse g	8-Wochen-Masse g	Futterverzehr 1.–8. Woche g	Rohverwertung kg	Verluste v. H.
3	3347	37,1	200,1	531,7	1882	3,80	3,79
4	3702	37,3	204,4	533,8	1893	3,81	4,02
5	3707	37,3	216,8	572,5	1887	3,53	2,75
6	3866	37,4	220,5	576,2	1898	3,52	2,41

Die statistische Gegenüberstellung der 8-Wochen-Massen bestätigte, daß die geringen Differenzen rein zufällig waren. Auch die Berechnung der Variationskoeffizienten konnte keine Abweichungen der Streuungen sichtbar machen. Futterverzehr und Rohverwertung waren gleichermaßen ausgeglichen. Die Verluste in den Nachzuchtgruppen der Leghorn erreichten 3,79 v. H. und 4,02 v. H. des Anfangsbestandes, während die Nachzucht der Kreuzungsgruppen mit 2,75 v. H. und 2,41 v. H. diese Werte unterschritt. Somit ergaben sich in allen Leistungsmerkmalen bei der Nachzucht von intensiv und im Auslauf aufgezogenen Zuchthennen während der Jungtierperiode keine abweichenden Ergebnisse.

2.4. Leistungsergebnisse von White-Rock-Hennen bei vorangegangener Intensivhaltung in der Aufzucht- und Jungtierperiode

Der dritte Versuch sah vor, mit einer Herde von 420 White-Rock-Hennen erste Erfahrungen bei der Intensivhaltung von Mastelterntieren im Hinblick auf ihre Leistungsfähigkeit zu sammeln. Unmittelbar mit diesem Fragenkomplex verbunden war die Durchführung der ganzjährigen Brut als Voraussetzung für einen kontinuierlichen Broilerkükenanfall. Die Untersuchungen umfaßten die Aufzucht-, die Jungtier- und die Legeperiode bis zum 500. Lebenstag. Das in den einzelnen Altersabschnitten verabreichte Alleinfutter entsprach im Nährstoffgehalt dem Futter des vorangegangenen Versuches.

2.4.1. Ergebnisse in der Aufzucht- und Jungtierperiode

Die in den Versuch genommenen 1200 unsortierten White-Rock-Küken wiesen im Alter von 4 Wochen eine durchschnittliche Körpermasse von 291,6 g auf, im gleichen Zeitraum betrug der Futterverzehr 610 g je Tier. Nach Abschluß der Aufzucht im Alter von 56 Tagen lagen die Körpermassen im Mittel bei 854,2 g mit einer Streuung von s $\pm$135,65 g. Durch den Futterverzehr von 2190 g ergab sich eine günstige Rohverwertung von 2,69. Von den eingestallten Küken verendeten 3,1 v. H.

Zur Fortführung der Untersuchungen wurden 570 Hennen mit einer durchschnittlichen Anfangsmasse je Tier von 771,8 g in den Jungtierstall zur intensiven Weiteraufzucht umgesetzt. Die Wägungen im 10-, 14-, 18- und 22-Wochen-Alter ließen die sehr gute Entwicklung der Tiere erkennen. Bei Abschluß im Alter von 150 Tagen wogen die einstallungsfähigen Hennen 2458 g.

Tabelle 20

Zusammenstellung der durchschnittlichen Ergebnisse je Tier in den einzelnen Altersabschnitten der Jungtierperiode (Versuch 3)

	Körpermasse g	Zunahme g	Futterverzehr g	Rohverwertung kg
8. Woche	771,8	—	—	—
10. Woche	1123,6	351,8	1200,2	3,41
14. Woche	1695,3	571,7	3156,0	5,52
18. Woche	2150,0	454,8	3608,0	7,93
22. Woche	2457,9	307,8	3672,2	11,93
Insgesamt	—	1686,1	11637,2	6,90

Die Streuung für die erreichte Körpermasse wies mit s $\pm$ 86,42 auf die gute Ausgeglichenheit des Bestandes hin. Für die Zunahme von 1686 g je Tier wurden 11,64 kg Futter verbraucht, was einer Rohverwertung von 6,90 entspricht. Die Mortalität lag für diesen Zeitraum mit 1,8 v. H. sehr günstig.

2.4.2. Ergebnisse in der Legeperiode

Die Umsetzung der Hennen in den Legestall erfolgte im Sommer am 27. Juli. Zu dieser Zeit hatten die Tiere eine relative Legeleistung von 6 v. H. erreicht. Bereits in der vierten Woche nach der Einstallung bei einem Alter von 173 Tagen legten 50 v. H. der Hennen. Infolge der gleichbleibenden Legetätigkeit betrug die Anzahl an Wintereiern (September bis Februar) je Henne 100,3 St. In den 350 Legetagen erzielte die White-Rock-Herde eine Durchschnittsleistung von 181,2 Eiern. Durch die Fallnestkontrolle war es möglich, auf der Grundlage der individuellen Eizahl die Legeleistung je überlebende Henne mit 182,7 Eiern zu ermitteln. Die berechnete Streuung betrug s $\pm$ 45,12 St.

Tabelle 21

Legeleistung (nach Futtertagen), Einzeleimasse und durchschnittlicher Futterverzehr in den einzelnen Monaten (Versuch 3)

	Eier je Henne St.	Einzeleimasse g	$\bar{x}$ täglicher Futterverzehr je Tier g
Ab 28. Juli	0,4	51,9	125,6
August	12,8	51,5	125,6
September	19,1	53,4	158,2
Oktober	17,5	56,7	147,3
November	16,2	58,8	116,6
Dezember	16,0	61,5	156,9
Januar	16,4	63,7	152,3
Februar	15,1	64,6	159,2
März	15,4	65,1	145,4
April	15,2	65,8	163,4
Mai	16,1	66,3	160,4
Juni	15,4	66,7	152,4
bis 12. Juli	5,6	65,6	113,4
Insgesamt	181,2	61,1	150,1

Die durchschnittliche Masse je Ei mit 61,1 g ist als hoch anzusprechen. Bereits im Dezember, nach vier Legemonaten, wogen die Eier über 60 g, im Mai und Juni sogar im Mittel über 66 g. Die hohen Einzeleimassen brachten Vorteile in Hinsicht auf die Broilerkükenproduktion.

Der Futterverbrauch mit 52,6 kg je Tier in 350 Legetagen lag innerhalb der Bedarfswerte für mittelschwere Rassen. Die hohen Körpermassen der Tiere führten zwangsläufig zu einem steigenden Bedarf an Erhaltungsfutter, woraus sich der durchschnittliche tägliche Futterverzehr von 150 g erklärt. Bei der guten Legeleistung, die Gesamteimasse je Henne belief sich auf 11,08 kg, wurden somit zur Erzeugung von 1 kg Eimasse trotzdem noch 4,75 kg Futter benötigt.

Die Körpermasseentwicklung ließ ein Ansteigen bis zum 500. Lebenstag erkennen, wobei die Zunahmen in der ersten Hälfte der Legeperiode erwartungsgemäß höher lagen. Bei Versuchsende wogen die Hennen im Durchschnitt 3160 g.

Tabelle 22
Durchschnittliche Körpermasseentwicklung je Henne (Versuch 3)

	Körpermasse g	Streuung g	Zunahme g
22. Woche	2482	± 87,22	–
34. Woche	2748	±114,15	266
46. Woche	2964	±124,36	216
58. Woche	3080	±128,00	116
Versuchsende	3160	±138,39	80
Zunahme insgesamt	–	–	678

Die Gesamtabgänge für den Zeitraum der Legeperiode betrugen 12,6 v. H. Bei den Abgangsursachen lagen die Erkrankungen der Legeorgane mit 30 v. H. der Gesamtabgänge an erster Stelle. Nach der Leukose mit einem Anteil von 15 v. H. traten als weitere Abgangsursachen Kropfverstopfungen und Unfälle hervor. Nach Zusammenfassung der Verluste aus der Aufzucht-, Jungtier- und Legeperiode ergab sich bis zum 500. Lebenstag ein Gesamtabgang von 18,4 v. H., davon waren 13,9 v. H. Todesfälle und 4,5 v. H. Merzungen. Dieses positive Ergebnis bestätigt die Feststellungen aus dem vorangegangenen Versuch, wonach sich keinerlei Einfluß der intensiven Aufzucht und Haltung auf die Höhe der Verluste ergab.

Um eine Aussage über die ganzjährige Brutleistung der Hennen zu erhalten, erfolgte sofort bei der Einstallung die Anpaarung der Cornish-Zuchthähne im Verhältnis 1:10. In 42 Einlagen wurden 52064 Eier erbrütet, das sind 131 St. je Henne oder 76,6 v. H. der insgesamt gelegten Eier (Tab. 23).

Die Befruchtung hatte bereits zur ersten Bruteiereinlage, 24 Tage nach der Einstallung, eine Höhe von 85,39 v. H. und fünf Wochen nach Beginn der Legeperiode den Mittelwert des Jahres von 90,53 v. H. erreicht. Erst ab Mai vollzog sich ein langsamer Rückgang, so daß auch der letzte Versuchsmonat mit 84,58 v. H. befruchteten Eiern von der Einlage noch befriedigte. Die Differenz in der Befruchtung vom ersten zum zweiten Brutabschnitt mit 2,46 v. H. war schwach gesichert.

Die Anteile der abgestorbenen Embryonen in der ersten Brutwoche und in der Zeitspanne zwischen dem 7. und 18. Tag der Bebrütung betrugen im Durchschnitt 4,49 v. H. bzw. 3,00 v. H. und ließen einen gleichmäßigen Verlauf erkennen. Die geringen Mittelwertdifferenzen von 0,31 v. H. bzw. 0,85 v. H. zugunsten des ersten Halbjahres erwiesen sich als zufällig.

Der Gesamtanteil steckengebliebener Küken beim Schlupf war mit 3,49 v. H. niedrig. Beim Vergleich der Mittelwerte für die beiden Brutabschnitte zeigte sich sogar ein Rückgang in der Zahl der Steckenbleiber von 1,3 v. H., der jedoch statistisch nicht gesichert war.

Das Schlupfergebnis lag im Durchschnitt bei 79,36 v. H. der Einlage und 87,67 v. H. der befruchteten Eier. Während auf Grund des Rückganges in der Befruchtung in den letzten Monaten die Mittelwertdifferenz zwischen den zwei

Tabelle 23
Brutergebnisse der Gruppe 7 Cornish × White Rock, 1962/63 (Versuch 3)

Datum Einlage	Einlage St.	befruchtete Eier St.	v. H. der Einlage	abgestorben 1.–6. Tag	v. H. der befruchteten Eier	abgestorben 7.–18. Tag	v. H. der befruchteten Eier	Steckenbleiber	v. H. der befruchteten Eier	Krüppel St.	Küken St.	v. H. der Einlage	v. H. der befruchteten Eier
20. 8. 62	445	380	85,39	19	5,00	3	0,79	15	3,95	6	337	75,73	88,68
27. 8.	824	721	87,50	52	7,21	9	1,25	18	2,50	6	636	77,18	88,21
3. 9.	1265	1147	90,67	70	6,10	33	2,88	57	4,97	32	955	75,55	83,26
10. 9.	1348	1225	90,88	82	6,69	56	4,57	63	5,14	26	998	74,04	81,47
17. 9.	1419	1275	89,85	72	5,65	84	6,59	53	4,16	29	1037	73,08	81,33
24. 9.	1351	1246	92,23	62	4,98	85	6,82	52	4,17	20	1027	76,02	82,42
1. 10.	1419	1285	90,56	79	6,15	78	6,07	56	4,36	15	1057	74,49	82,26
8. 10.	396	351	88,64	17	4,84	17	4,84	7	1,99	7	303	76,52	86,32
15. 10.	1524	1378	90,42	50	3,63	32	2,32	28	2,03	26	1242	81,50	90,13
22. 10.	1450	1336	92,14	61	4,57	12	0,90	30	2,25	12	1221	84,21	91,39
29. 10.	1524	1437	94,29	51	3,55	29	2,02	113	7,86	36	1208	79,27	84,06
5. 11.	1008	931	92,36	33	3,54	6	0,64	21	2,26	18	853	84,62	91,62
19. 11.	2912	2673	91,79	88	3,29	52	1,95	120	4,49	23	2390	82,07	89,41
26. 11.	1633	1520	93,08	48	3,16	15	0,99	49	3,22	9	1399	85,67	92,04
3. 12.	1351	1266	93,71	36	2,84	14	1,11	50	3,95	13	1153	85,34	91,07
10. 12.	1203	1129	93,85	38	3,37	9	0,80	49	4,34	14	988	82,13	87,51
17. 12.	1310	1225	93,51	28	2,29	10	0,82	52	4,24	19	1116	85,19	91,10
24. 12.	1429	1327	92,86	46	3,47	20	1,51	61	4,60	9	1191	83,34	89,75
31. 12.	1401	1283	91,58	43	3,35	18	1,40	64	4,99	6	1152	82,23	89,79
7. 1. 63	1419	1288	90,77	39	3,03	21	1,63	48	3,73	7	1173	82,66	91,07
14. 1.	448	411	91,74	21	5,11	6	1,46	14	3,41	8	362	80,80	88,08
1. 2.	1200	1114	92,83	63	3,23	55	4,94	68	6,10	19	936	78,00	84,02
18. 2.	1606	1498	93,28	52	3,47	40	2,67	59	3,94	13	1334	83,06	89,05
25. 2.	800	737	92,13	25	3,39	22	2,99	31	4,21	5	654	81,75	88,74
11. 3.	1480	1369	92,50	57	4,16	41	2,99	42	3,08	10	1215	82,09	88,75
18. 3.	1222	1131	92,55	59	5,22	31	2,74	38	3,36	10	978	80,03	86,47
1. 4.	1568	1480	94,39	58	3,92	47	3,18	55	3,72	12	1308	83,42	88,38
8. 4.	1702	1595	93,71	80	5,02	68	4,26	44	2,76	20	1383	81,26	86,71
15. 4.	902	829	91,91	37	4,46	46	5,55	34	4,10	15	697	77,27	84,08
s22. 4.	1350	1220	90,37	46	3,77	45	3,69	40	3,28	22	1067	79,03	87,46
29. 4.	560	505	90,18	18	3,56	20	3,96	13	2,57	4	450	80,36	89,11
6. 5.	504	461	91,47	15	3,25	16	3,47	20	4,34	8	402	79,76	87,20
13. 5.	1299	1143	87,99	56	4,90	48	4,20	34	2,97	8	997	76,75	87,23

20. 5.	1275	1095	85,88	51	4,68	17	1,55	15	1,37	7	1005	78,82	91,78
27. 5.	1232	1044	84,74	52	4,98	39	3,74	20	1,92	14	919	74,59	88,03
3. 6.	1062	894	84,18	38	4,25	30	3,36	13	1,45	6	807	75,99	90,27
10. 6.	1411	1198	84,90	57	4,76	39	3,26	26	2,17	15	1061	75,19	88,56
17. 6.	1207	1051	87,08	68	6,57	27	2,57	13	1,24	6	937	77,63	89,15
24. 6.	1272	1116	87,74	63	5,65	56	5,02	18	1,61	3	975	76,65	87,37
1. 7.	1268	1072	84,54	74	6,90	36	3,36	17	1,59	16	929	73,26	86,66
8. 7.	950	817	88,11	67	8,20	29	3,55	7	0,86	6	705	74,21	86,29
15. 7.	1115	930	83,41	75	8,06	51	5,48	20	2,15	20	763	68,43	82,04
Sa. 42 Bruten	52064	47133	90,53	2119	4,49	1412	3,00	1647	3,49	580	41320	79,36	87,67
1. 21 Bruten	27079	24834	91,71	1035	4,17	609	2,45	1020	4,11	341	21798	80,50	87,77
2. 21 Bruten	24985	22299	89,25	1084	4,86	803	3,60	627	2,81	239	19522	78,13	87,55

Abschnitten im Schlupf der eingelegten Eier 2,37 v. H. betrug, war im Ergebnis der befruchteten Eier die Abweichung mit 0,12 v. H. völlig unbedeutend. Die statistische Berechnung bestätigte die Zufälligkeit der beiden Differenzen.

Aus den 131 Eiern, die im Durchschnitt je Henne eingelegt wurden, schlüpften 103 Küken. Dieses Ergebnis entspricht dem Ziel, je Henne des Vermehrungsbestandes 100 Broilerküken zu erzeugen. Es sei noch vermerkt, daß nicht alle brutfähigen Eier aus Mangel an Brutkapazität zur Einlage gebracht werden konnten.

Der jahreszeitliche Verlauf in der Lege- und Brutleistung (Abb. 6) zeigt neben dem guten Leistungsvermögen der Mastelternherde auch die Vorteile der Intensivhaltung in Hinsicht auf eine gleichbleibende Bruteier- und Kükenproduktion. Daß auch unter den Bedingungen der Praxis ähnlich gute Ergebnisse zu erreichen sind, ergaben die bereits zitierten Untersuchungen von Engelhard und Bischof (1964).

Die dargelegten Resultate bestätigen die im Versuch 2 bei Tieren der Legerichtung getroffenen Aussagen, daß die Intensivhaltung vom Eintagsküken bis zum Abschluß der Legeperiode ohne Beeinträchtigung der Zuchtleistung möglich ist.

3. Schlußfolgerungen

Die sich über drei Jahre an insgesamt 1678 intensiv gehaltenen Zuchthennen erstreckenden Versuche entsprachen in der Anlage und dem Umfang den Bedingungen der Praxis. Es können somit die gewonnenen Resultate als Empfehlungen für die Zucht- und Vermehrungsbetriebe gelten.

Eine ausreichende Versorgung der Zuchttiere mit allen Nähr- und Wirkstoffen ist die wichtigste Voraussetzung für eine erfolgreiche Intensivhaltung. Aus den Untersuchungen geht eindeutig hervor, daß die Vitaminierung des Futters über natürliche Vitaminträger für eine zehnmonatige Haltungsperiode nicht genügte. Die Hennengruppe mit synthetischen Vitaminzusätzen zum Futter

Tabelle 24
Statistische Auswertung der Brutergebnisse (Versuch 3)

Abschnitt 1:2	MQ	FG_V	FG_R	F	P
Befruchtung	37,87	1	40	4,74	+
Abgestorbene Embryonen 1.–6. Tag	4,18	1	40	1,26	---
Abgestorbene Embryonen 7.–18. Tag	27,46	1	40	3,78	---
Steckenbleiber	18,17	1	40	3,99	---
Schlupf der Einlage	24,41	1	40	3,21	---
Schlupf der befruchteten Eier	0,77	1	40	0,11	---

war besonders in der letzten Hälfte der Versuchsperiode in allen Leistungsmerkmalen gegenüber der Vergleichsgruppe mit natürlicher Futtervitaminierung überlegen. Die Ergebnisse bestätigen die wiederholte Forderung nach einem industriell hergestellten Alleinfutter, das in der Zusammensetzung auf den Nähr- und Wirkstoffbedarf der Zuchttiere abgestimmt sein muß.

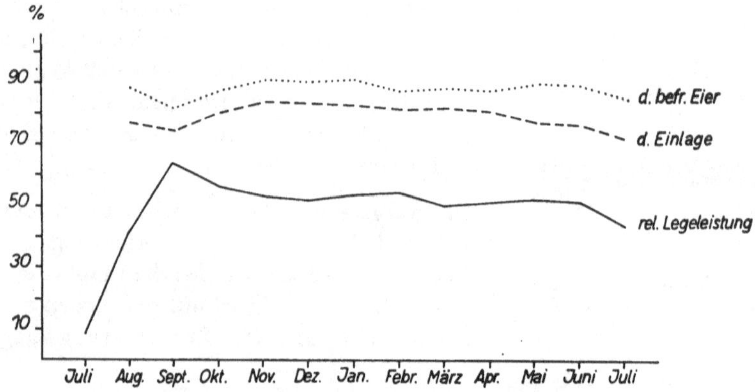

Abb. 6: Verlauf der relativen Legeleistung und der Schlupfergebnisse im Versuch 3

Für die intensive Haltung der Zuchttiere ist größtes Augenmerk auf ein gutes Stallklima zu legen. Auch bei einem Besatz von nur 3 Tieren/m² Stallgrundfläche zeigte sich, daß die Schwerkraftlüftung besonders in den Winter- und Sommermonaten im Versuchsstall unzureichend war. Die Raumtemperatur und die Feuchtigkeitswerte der Stalluft wurden dadurch sehr stark von den äußeren Witterungseinflüssen bestimmt. Als Folgeerscheinung traten Krankheiten auf, die teilweise zu Leistungsdepressionen führten. Neben einer ausreichenden Be- und Entlüftung muß der Intensivstall eine gute Wärmedämmung besitzen. Unter diesen Voraussetzungen ist es möglich, ganzjährig gleich gute Leistungen und damit einen sehr wesentlichen Vorteil der Intensiv- gegenüber der Auslaufhaltung zu erzielen.

Die Intensivhaltung der Zuchttiere vom Eintagsküken bis zum Abschluß der Legeperiode zeigte keine Nachteile in den Leistungsergebnissen gegenüber den

Tieren, die während der Jungtierperiode Weideauslauf erhielten. Im Wachstum und in den Verlusten waren die intensiv gehaltenen Junghennen sogar überlegen. Eine Beeinflussung der Vitalität bei den Zuchthennen konnte in keinem Fall festgestellt werden. Auch die Untersuchungen an insgesamt 14622 von den Versuchsgruppen nachgezogenen Küken bis zur achten Lebenswoche ergaben in der Masseentwicklung, dem Futterverbrauch und den Verlusten keine ungünstigen Resultate.

Bei der ausschließlichen Intensivhaltung ist durch das häufig unvermeidliche Umsetzen aus dem Aufzucht- in den Junghennen- und von diesem in den Legehennenstall eine nur geringe Streßwirkung auf die Tiere feststellbar. Dagegen benötigen die Junghennen, die von der intensiven Aufzucht in den Auslauf und als Legehennen wieder in die Intensivhaltung umgesetzt werden, eine längere Zeit zur Anpassung an die veränderten Umweltverhältnisse.

Bei den für die Versuche verwendeten Zuchttierherkünften der Rassen Leghorn und White Rock sowie deren Kreuzungen bestanden keine Unterschiede in bezug auf eine Eignung für die Intensivhaltung. Für die Eierproduktion ist der Vorteil der leichten Rassen unbestritten, da diese Tiere unter bester Futterausnutzung die höchsten Leistungsergebnisse bringen. Der in den Untersuchungen aufgetretene Vorteil bei den Kreuzungshennen sollte, wie im Hybridzuchtprogramm vorgesehen ist, durch Linienkreuzungen von Legerassen ausgenützt werden.

In den Anforderungen für Zuchttiere der Mastrichtung ist vorgesehen, mindestens 100 Broilerküken je Henne jährlich zu erzeugen. Daß dieses Ziel zu erreichen ist, konnte in den Untersuchungen an einer White-Rock-Herde in Verpaarung mit Cornish-Hähnen nachgewiesen werden.

Für die Hennen der Mastrichtung wird bei dem Zuchtziel 160 Eier eine durchschnittliche Legeleistung von 180 Eiern je Tier nahe der oberen Grenze liegen, da die Verbesserung der Mastleistung an erster Stelle steht. Es ist deshalb erforderlich, daß ein großer Anteil, mindestens aber 85 v. H. der gelegten Eier, zur Brut geeignet ist. Die Anzahl der brutfähigen Eier wird wesentlich beeinflußt durch die Masse je Ei. Sie sollte bei Broilermüttern im Durchschnitt 60 g betragen. Die hohen Einzeleimassen bringen den Vorteil, daß die Eier kurze Zeit nach Legebeginn bruttauglich sind. Auch eine Masse je Ei von durchschnittlich 66 g am Ende des Legejahres brachte keine Nachteile. Die Eignung solcher Eier für die Brut wird in erheblichem Maße durch die moderne Bruttechnik bestimmt.

Entgegen den bisherigen Meinungen konnte festgestellt werden, daß bei normal entwickelten Hennen bereits nach Erreichen einer Legeleistung von 50 v. H. des Bestandes im Alter von 6 Monaten der Brutbeginn möglich ist. Voraussetzung dafür ist die sofort bei der Einstallung vorgenommene Anpaarung von geschlechtsreifen Hähnen. Diese sollten mindestens das gleiche Alter wie die Hennen haben. Übereinstimmend in allen Versuchen wurde die Feststellung getroffen, daß die Befruchtung am Ende des Legejahres langsam zurückgeht. Gegenstand spezieller Untersuchungen sollte es sein, die Gründe dafür zu ermitteln.

Die Quoten der abgestorbenen Embryonen und der Steckenbleiber von den zur Brut eingelegten Eiern zeigten durch die günstigen Werte von unter 10 v. H. keine Beeinträchtigung durch die intensive Haltung der Tiere. Der geringe Rückgang in den Schlupfleistungen gegen Ende der Legeperiode war vorwiegend auf das Nachlassen der Befruchtung zurückzuführen.
Die Untersuchungen lassen erkennen, daß bei ganzjähriger Brut von intensiv gehaltenen Hennen fast gleichbleibend gute Ergebnisse zu erreichen sind. Durch den möglichen Einsatz von altersmäßig unterschiedlichen Zuchtherden ist ein Leistungsausgleich und damit die Voraussetzung für eine kontinuierliche Bruteier- und Kükenproduktion gegeben.

Zusammenfassung

Aus den Ergebnissen von drei Versuchen mit 1678 Hennen der Rassen Weiße Leghorn, White Rock und deren Kreuzungen kann der Beweis entnommen werden, daß die Intensivhaltung der Zuchttiere bei vollwertiger Fütterung mit bestem Erfolg möglich ist. Bei der Vitaminierung des Futters durch natürliche Vitaminträger verschlechterten sich gegenüber den Tieren mit Wirkstoffbeifütterung die Legeleistung, Einzeleimasse und Futterverwertung. Die Quoten der Embryonensterblichkeit und der Steckenbleiber nahmen zu. Untersuchungen über den Einfluß der Auslauf- und Intensivhaltung in der Jungtierperiode ergaben keine Unterschiede in der Leistung der Zuchttiere sowie deren Nachkommen. In der Jungtierperiode waren die Intensivgruppen durch bessere Körpermasseentwicklung und geringere Verluste den Auslaufgruppen überlegen. Die ganzjährig guten Brutresultate von insgesamt 140291 eingelegten Eiern zeigen, daß die Intensivhaltung der Zuchttiere eine wesentliche Voraussetzung für eine kontinuierliche Kükenproduktion darstellt.

Резюме

Результаты трех опытов с 1678 курами пород белый леггорн и уайт-рок, а также с гибридами от их скрещивания показывают, что интенсивное содержание племенных животных, при полноценном кормлении, может быть вполне успешным. При обогащении кормов естественными витаминами ухудшались по сравнению с животными, получавшими в подкормку действующие вещества, яйценоскость, вес отдельных яиц и оплата кормов. Процент смертности у эмбрионов и число отстававших в развитии цыплят повышались. Исследование влияния выгульного и интенсивного содержания в ювенильный период не выявило различий в производительности племенных животных и их потомков. Молодняк интенсивного содержания превосходил молодняк выгульного содержания в привесах. Потери у них были ниже. Круглогодовые хорошие результаты инкубации — 140291 яиц — показали, что интенсивное содержание племенных животных является предпосылкой беспрерывного производства цыплят.

Summary

Intensive keeping of breeding animals, on the basis of first-class feeding, was a full success, as shown by the results obtained from three tests which covered 1,678 hens of White Leghorn and White Rock breeds as well as their hybrids which were obtained from their crossing. Laying results, single egg weight, and food conversion of animals fed with fodder vitaminized by natural vitamin carriers were worse than those of animals fed with an admixture of active agents. The rate of embryonic mortality and the number of chicken hampered in their development were increased. No differences with regard to the performance of breeding animals and their descendants were found by studies on the effects of run- and intensive keeping in the juvenile period. In the juvenile period, the intensively kept groups were superior to the run groups by better weight increase and lower loss rates. Good all-year hatching results obtained from 140,291 placed eggs would suggest that intensive keeping of breeding animals is an essential pre-requisite for continuous chicken production.

Literatur

BAILEY, B. B.; QUISENBERRY, J. H.; TAYLOR, J.: A comparison of the subsequent laying house performance of range and confinement reared pullets fes allmash and mash and oats. Poultry Sci. 38 (1959), S. 559–564

BARTSCH, O.: Die Beleuchtung der Hühner in ihrem Einfluß auf die Legetätigkeit. Arch. Geflügelkd. 11 (1937), S. 369–382

BARTSCH, O.: Die Beleuchtung der Hühner. II. Die Beleuchtung der Zuchttiere in ihrem Einfluß auf Befruchtung der Eier, auf die Brut und die Aufzucht der Küken. Arch. Geflügelkd. 12 (1938), S. 313–333

BECKER, K.: Ein Ja zur Vollintensivhaltung – Bestätigung durch mehrjährige exakte Untersuchungen. Dt. Geflügelwirtsch. 14 (1962), S. 627–631

BLACK, D. J. G.; MORRIS, T. R.; PALGRAVE, J. A.: The value of a grass sward for breeding hens. Poultry Sci. 36 (1957), S. 780–788

BORCHERT, K. L.: Über Grundlagen zur Schaffung eines optimalen Stallklimas. Arch. Geflügelkd. 15 (1961), S. 60–75

COLES, R.: The influence of housing systems and aging of layers on egg quality and hatching. Poultry Sci. 39 (1960), S. 1365–1376

EBBELL, H.: Über den Einfluß der Beleuchtung von Zuchttieren auf die Schlupfergebnisse. Arch. Kleintierzucht 1 (1940), S. 57–63

EBBELL, H.: Intensiv- und Käfighaltung in Aufzucht-, Mast-, Lege- und Zucht-Betrieben. Stuttgart, Eugen-Ulmer-Verl., 1959, 94 S.

ENGELHARD, J.: Ein Beitrag zur Intensivhaltung von Legehennen auf Tiefstreu. Tierzucht 13 (1959), S. 407–412

ENGELHARD, J.: Probleme der Junghennenaufzucht für die Intensivgeflügelhaltung. In: Geflügelzucht-Vortragstagung, Humboldt-Universität Institut für Geflügel- und Pelztierzucht, Berlin, VEB Dt. Landwirtsch.-Verl. 1961, S. 78–88

ENGELHARD, J.: Die Entwicklung der Masthuhnzüchtung und Broilerproduktion in der DDR unter Berücksichtigung der Aufgaben des Instituts für Geflügelzucht Rottenau der DAL zu Berlin. In: Probleme der Masthuhnzüchtung und Broilerproduktion. Tag.-Ber. Dt. Akad. Landwirtsch.-Wiss. Berlin Nr. 77, 1964, S. 7–18

ENGELHARD, J.; BISCHOF, E.: Erste Ergebnisse mit der Intensivhaltung von Vermehrungshennen in der LPG „Karl Marx“ in Jütrichau, Kreis Zerbst, Tierzucht 18 (1964), S. 314–317

ENGELHARD, J.; URBAN, W.: Ein Beitrag zum Aufbau und zur Organisation der Broilerproduktion in der Deutschen Demokratischen Republik. Arch. Geflügelzucht Kleintierkd. 13 (1964), S. 93–107

FANGAUF, R.: Nährstofftabellen zur Geflügelfütterung. In: Jb. für die Geflügelwirtschaft. Stuttgart, Eugen-Ulmer-Verl., 1964, S. 198–207

FANGAUF, R.; MACKROTT, H.; VOGT, H.: Geflügelfütterung. 5. Aufl., Stuttgart, Eugen-Ulmer-Verl., 1960, 154 S.

GERRIETS, E.; WERNER, C.: Vergleichende Leistungsprüfungen von Legehennen auf Hühner- und Pferdealtstreu bei Intensivhaltung und Haltung mit Auslaufmöglichkeiten. Dt. Geflügelztg. 6 (1957), S. 436–437, 458, 466–468

GÖBEL, G.: Die Fütterung der Legehennen bei Intensivhaltung. Jb. Arbeitsgemeinsch. Fütterungsberat. 3 (1960/61) S. 251–256

GÜNTHER, R.: Probleme der Junghennenaufzucht aus tierärztlicher Sicht. Tierzucht 19 (1965), S. 337–339

HAENDLER, H.: Die Einflüsse der Zuchthennenernährung auf den Bruterfolg. Dt. Geflügelwirtsch. 14 (1962), S. 553–555

HATTENHAUER, H.: Versuche zur Intensivhaltung von Legehennen. Tierzucht 12 (1958a), S. 166–169

HATTENHAUER, H.: Versuche zur Intensivhaltung von Legehennen. Beleuchtung von Legehennen mit Leuchtstoffröhren unterschiedlicher Lichtfarbe. Tierzucht 12 (1958b), S. 199–202

HATTENHAUER, H.: Junghennenaufzucht unter intensiven Haltungsbedingungen und ihr Einfluß auf die Nutzleistungen von Hühnern in der nachfolgenden Legeperiode. Tierzucht 14 (1960), S. 74–78

HATTENHAUER, H.: Die Bedeutung, Anlage und Pflege von Tiefstreustapeln in Hühnerintensivhaltungen. Tierzucht 15 (1961a), S. 25–29

HATTENHAUER, H.: Der Einfluß verschiedener Futtervitaminierungsmethoden auf die Nutzleistungen von Legehennen. Tierzucht 15 (1961b), S. 273–275

HATTENHAUER, H.: Junghennenaufzucht unter intensiven Haltungsbedingungen und ihr Einfluß auf die Nutzleistungen von Hühnern in der nachfolgenden Legeperiode, 2. Mitt. Tierzucht 15 (1961c), S. 502–507

HAVERMANN, H.: Das Tiefstreuverfahren bei der Haltung von Legehennen und bei der Aufzucht von Küken. In: Jb. für Geflügelzüchter. Stuttgart, Eugen-Ulmer-Verl., 1953, S. 167–172

HAVERMANN, H.: Die Sicherung hoher Leistungen und guter Gesundheit beim Geflügel durch Fütterung und Haltung. Züchtungskd. 35 (1963), S. 428–442

HAYS, F. A.: Laying house temperature and egg production. Poultry Sci. 37 (1958), S. 592–595

HENDRICKS, W. A.; LEE, A. R.; GODFREY, A. B.: Effects of cod-liver oil and ultraviolett irradiation, as influenced by oyster shell, in the diet of confined laying hens. J. agric. Res. 43 (1931), S. 517–355

HURWITZ, S.; GRIMINGER, P.: Egg production and shell quality in temperature and light controlled versus uncontrolled environment. Poultry Sci. 41 (1962), S. 499 bis 508

JAEGER, J.; HATTENHAUER, H.: Legehennenhaltung ohne Auslauf. Berlin, VEB Dt. Landwirtsch.-Verl. 1960, 134 S.

JAEGER, J.; GÖBEL, G.: Grundfragen der Geflügelintensivhaltung. Jb. Arbeitsgemeinsch. Fütterungsberat. 2 (1958/59), S. 196–198

KALINA, R.: Neue Erkenntnisse in der Geflügelzucht. Berlin, VEB Dt. Landwirtsch.-Verl. 1960, S. 37–93

KENNARD, D. C.: Die Haltung von Hühnern in geschlossenen Ställen. (Vortrag auf dem 4. Weltgeflügelkongreß). Dt. Landwirtsch. Geflügelztg. 34 (1930), S. 281 bis 282

KINDER, Q. B.; YOES, M.: Confinement versus range rearing of pullets for egg production. Poultry Sci. 35 (1956), S. 1151

KLINK, G.; HEINIG, W.: Bauten für die Intensivgeflügelhaltung. Berlin, VEB Dt. Landwirtsch.-Verl. 1960, 116 S.

KUPSCH, W.: Die künstliche Brut unseres Hausgeflügels. 15. Aufl., Stuttgart-Berlin, Pfenningstorff-Verl., 1953, 123 S.

LAUBE, W.: Futterbilanzierung nach leistungsabhängigen Nährstoffbedarfswerten. Dt. Landwirtschaft 15 (1964), S. 602—609

LE ROY, H. L.: Bedeutung der Klimatisierung und Beleuchtung in der Hühnerzucht. In: Jb. für Geflügelzüchter, Stuttgart, Eugen-Ulmer-Verl., 1957, S. 92—101

MATSON, W. E.; FANNING, P. K.; JENKINS, W. R.; WICHERS, H. E.: Ventilating poultry houses with fans. Washington Agric. Exp. Stat. Extens. Bull. 529 (1961), S. 1—12

MEHNER, A.: Versuche über die Bedeutung des Auslaufes für die Geflügelhaltung. Arch. Geflügelkd. 18 (1954), S. 123—140

MISSLER, H.: Probleme der Junghennenaufzucht. Dt. Geflügelwirtsch. 14 (1962), S. 239—240

MÜLLER, H.: Die Ergebnisse der dreijährigen Untersuchungen in der Intensivgeflügelhaltung. Arch. Geflügelzucht Kleintierkd. 9 (1960), S. 242—250

MÜLLER, H.; HEIDENREUTER, U.: Zur Frage der Intensivgeflügelhaltung. Tierzucht 12 (1958), S. 95—98

MÜLLER, H.; HEIDENREUTER, U.: Die Ergebnisse der zweijährigen Untersuchungen über die Intensivgeflügelhaltung. Tierzucht 13 (1959), S. 35—38

MÜLLER, H.; HEIDENREUTER, U.: Untersuchungen über die Brauchbarkeit verschiedener Rassen in der Intensivgeflügelhaltung. Tierzucht 17 (1963), S. 97—99

ORR, H. L.; SNYDER, E. S.; SLINGER, S. J.: Effect of animal fat, arsenic acid and range versus confinement rearing on egg quality. Poultry Sci. 36 (1957), S. 1146—1147

OTTO, E.: Biometrie. Berlin, VEB Dt. Bauernverl., 1958, 171 S.

PEPPER, W. F.; SLINGER, S. J.; ORR, H. L.; SNYDER, E. S.: Effect of high and low energy diets and range versus confinement rearing on egg production and quality of fresh and held eggs. Poultry Sci. 38 (1959), S. 379—385

PEPPER, W. F.; SLINGER, S. J.; SUMMERS, J. D.: Influence of method of rearing on the performance of pullets in the laying house. Poultry Sci. 36 (1957), S. 1148

POPOV, A. A.; ŠEVČENKO, T. G.: Glubokaja podstilka — istočnik vitamina B_{12}. Pticevodstvo, Moskva 1961, Nr. 12, S. 11

PROUDFOOT, F. G.: The decline of internal egg quality during storage at 30 °F and 70 °F among six strains of Leghorns reared in confinement and on range. Poultry Sci. 41 (1962), S. 98—103

QUERNER, H.; BECKER, K.: Vergleichende Untersuchungen über Intensiv- und Extensivhaltung von Junghennen sowie deren Einfluß auf die spätere Legeleistung. Arch. Geflügelkd. 26 (1962), S. 51—68

RODINA, E. N.: Soderžanie kur i vyraščivanie molodnjaka na glubokoj podstilke. Sbornik rabot molodych učenych. Vsesojuznyj naučno-issledova-tel'skij institut pticevodstva, Moskva 1960, Nr. 3, S. 9—20

RÖMER, R.: Extensive und intensive Hühnerhaltung. Dt. Landwirtsch. Geflügelztg. 32 (1928), S. 189—193

RÖMER, R.: Bestrahlung und Beleuchtung von Küken und Legehennen. Arch. Geflügelkd. 4 (1930), S. 394—399

SCHOLTYSSEK, S.: Die Wirkung von Aureomycin im Legehennenfutter. Arch. Geflügelkde. 15 (1961), S. 425—434

SCHÜRENBERG, M.: Erfahrungen mit der intensiven Aufzucht und Haltung verschiedener Rassen. Dt. Wirtschaftsgeflügelzucht 8 (1956), S. 438—439

SHUPE, W. D.; QUISENBERRY, J. H.: Effect of certain rearing and laying house environments on performance of incross egg production type pullets. Poultry Sci. 40 (1961), S. 1165—1171

SNEDECOR, G. W.: Statistical Methods applied to Experiments in Agricultur and Biology. 4. Aufl. Ames Iowa, 1948, Abschn. 167—169

TAYILOR, J. N.; BAILEY, B. B.; QUISENBERRY, J. H.: Comparison of certain pullet rearing and feeding programs for egg production. Poultry Sci. 36 (1957), S. 1162

TOMHAVE, A. E.: Fertility and hatchability of eggs produced by New Hampshire breeders during their first 365 days of production. Poultry Sci. 37 (1958), S. 27 bis 29

TOMHAVE, A. E.: Range vs. confinement rearing. Del. Agr. Exp. Stat. Bull. 333 (1959). Ref. in Poultry Digest 19 (1960), S. 561

URBAN, E.: Ergebnisse in der Aufzucht mit White Rock- und Cornishküken. Tierzucht 18 (1964), S. 376–377

URBAN, E.: Die ganzjährige Brut im Zuchtbetrieb als Voraussetzung für die kontinuierliche Broilerproduktion. In: Tag.-Ber. Dt. Akad. Landwirtsch.-Wiss. Berlin Nr. 77, 1964, S. 63–72

URBAN, W.: Stand der Masthuhnzüchtung im Institut für Geflügelzucht Rottenau. In: Tag.-Ber. Dt. Akad. Landwirtsch.-Wiss. Berlin Nr. 77, 1964, S. 19–36

URBAN, W.; URBAN, E.: Leistungsergebnisse von White Rock-Zuchthennen in der Intensivhaltung. Tierzucht 19 (1965), S. 105–107

WACHSMUTH, H.: Einjährige Erfahrungen und Ergebnisse aus der Hühnerintensivhaltung. Dt. Landwirtschaft 9 (1959), S. 240–244

WEBER, E.: Grundriß der biologischen Statistik. 4. Aufl., Jena, VEB Fischer-Verl., 1961, S. 1–138, 165–171, 235–236

WEGNER, R.-M.: Der Einfluß verschiedener Haltungs- und Fütterungsformen während der Junghennen-Aufzucht auf die Entwicklung und nachfolgende Leistung von Hennen im Legetypus. Arch. Geflügelkd. 26 (1962), S. 272–309, 345–397

WEINMILLER, L.; MACHT, CH.: Ein Intensivhaltungsversuch. Dt. Landwirtsch. Geflügelztg. 31 (1928), S. 898–899

WEINMILLER, L.: Untersuchungen über Futterwert und Nährstoffbedarf von Hühnerweiden. Arch. Kleintierzucht 1 (1940), S. 313–349

WINTER, A. L.; SCHLAMB, K. F.: The influence of range versus confinement rearing on growth, feed consumption, egg production and livability. Poultry Sci. 27 (1948), S. 571–578

WIRTH, H.: Bemerkungen zum Thema Intensivaufzucht für Junghennen. Dt. Geflügelwirtschaft 12 (1960), S. 24–25

o. V. Untersuchungen zur ganzjährigen Brut im Zusammenhang mit der Intensivhaltung der Zuchttiere bei unterschiedlicher Fütterung. Rottenau, Inst. f. Geflügelz. Dt. Akad. Landwirtsch.-Wiss. Berlin. Plan Nr. 268075-4-05/2, Abschlußber. 1965

o. V. Versuche zur Verbesserung der Geflügelintensivhaltung durch Umweltgestaltung. Rottenau, Forschungsinst. f. Tierzucht Dt. Akad. Landwirtsch.-Wiss. Berlin, Plan-Nr.: 170116/03i-0-02/8 Abschlußber. 1961

Anschrift des Verfassers

Dr. WOLFGANG URBAN
Institut für Geflügelzucht Rottenau
der Deutschen Akademie der Landwirtschaftswissenschaften zu Berlin
3404 Rottenau, Post Loburg

Aus dem Institut für Tierzucht
der Landwirtschaftlichen Fakultät der Universität Rostock

HELGA HAYNISCH

Untersuchungen über Umwelt und Leistung intensiv gehaltener Legehennen im Bezirk Rostock[1]

Eingegangen: 22. 9. 1966

1. Literatur

Im Bezirk Rostock ist aus der Bestandsentwicklung der intensiv gehaltenen Legehennen der Trend nach größerer Konzentration der Tierbestände ablesbar. Nach eigenen Ermittlungen vergrößerte sich im Zeitraum von 1962—1964 die Zahl der intensiv gehaltenen Legehennen von 164690 auf 190504 bei gleichzeitiger Verringerung der Anzahl der Betriebe von 76 auf 67 (Tab. 1).

Tabelle 1
Bestandsentwicklung der intensiv gehaltenen Legehennen des Bezirkes Rostock (Jahresanfangsbestand)

Konzentration bzw. Betriebsgröße	Legehennen 1962	1963	1964
>3000 Tiere	70744	97246	123016
<3000 Tiere	93946	85208	67488
>1000 ha LN	75165	95800	104462
<1000 ha LN	89525	86654	86042
Gesamt	164690	182454	190504

Die Zentralisierung der Bestände macht es erforderlich, den Klimafaktoren eine erhöhte Bedeutung bei der Leistungssteigerung der Legehennen beizumessen. 1964 z. B. betrug die durchschnittliche Bestandsgröße im Bezirk Rostock bereits 2757 Legehennen (1172—5299 nach Kreisen).

Zu den Umweltfaktoren bei der Intensivhaltung von Legehennen gehören neben der Fütterung Licht, Luft, Temperatur und Feuchtigkeit, wobei besondere Bedeutung Temperatur und Luftfeuchtigkeit zukommen (OREL, 1964).

Bisher wurde die Beleuchtung eines Stalles nach dem Verhältnis der Fensterfläche zur Stallgrundfläche berechnet. Heute wird die erforderliche Beleuchtung allgemein in Lux pro m² Stallgrundfläche ausgedrückt, die nach BRANDSCH (1964a) 40 Lux betragen soll. JANOWSKI (1964) fordert unter günstigen Außenlichtverhältnissen einen „relativen Beleuchtungsgrad" im Stall in bezug auf die Helligkeit im Freien (100%) von 2 Prozent.

[1] Teilauszug aus der Dissertation „Untersuchungen über Standort, Leistung und Eiqualität von Legehennen aus Intensivhaltungen im Bezirk Rostock", Universität Rostock, 1966.

Die Stalltemperaturen sollten im Hühnerstall nicht unter 7 °C und nicht über 20 °C betragen (PAPPRITZ, 1963). Die optimale Temperatur für Hühner liegt nach SCHOLTYSSEK (1963) zwischen 12 und 18 °C. Niedrigere Temperaturen wirken sich auf die Leistung der Tiere nicht so schädigend aus wie höhere, da z. B. bei einer Senkung von 12 auf 2 °C wohl der Futterverbrauch bis zu 13% ansteigen kann (SCHANZE, 1962), aber dadurch die Leistung nicht abzusinken braucht. Ein Ausgleich bei höheren Temperaturen fehlt den Tieren.
Die relative Luftfeuchtigkeit soll in Legehennenställen 65—75% betragen (QUERNER, 1963; PAPPRITZ, 1963; SCHOLTYSSEK, 1963). In den Vorschlägen der Viehwirtschaft für Technologie und Stallbau (BRANDSCH, 1964a) wird für Legehennenställe eine relative Luftfeuchtigkeit von 65—80% gefordert. Neben direkten Schäden durch zu hohe Luftfeuchtigkeit können Krankheiten durch verseuchte Einstreu auftreten. Feuchte Einstreu bildet einen idealen Nährboden für viele Krankheitskeime. Auch bildet sich durch zu feuchte Einstreu ein Vielfaches der Menge an Ammoniak als bei trockener Einstreu, was für Mensch und Tier nachteilige Folgen hat.
Der Abtransport der Feuchtigkeit aus den Ställen ist ein schwieriges Problem und muß bei der Bauplanung genau berücksichtigt werden. Je Henne und Tag müssen 97 g Wasser durch die Luft abtransportiert werden (OREL, 1964). Das sind bei 1000 Legehennen fast 100 l Wasser täglich.
In den Geflügelställen zeigt es sich sehr oft, daß gutes Tiermaterial vorhanden ist und die Fütterung eine hohe Leistung vermuten läßt, aber die Haltungsbedingungen die angestrebte Leistung verhindern. In der Hauptsache sind die Ställe ungenügend gegen Außentemperaturen isoliert, so daß eine zu niedrige Stalltemperatur und zu hohe Luftfeuchtigkeit auftreten.
Um ein optimales Stallklima zu erreichen, genügt nach SCHMIDT (1963a) die Lüftung allein nicht, sondern es müssen alle Klimafaktoren in ein optimales Verhältnis zueinander gebracht werden (Luftfeuchtigkeit, Temperatur, Gase und Luftbewegung), das heißt, es muß klimatisiert werden.
OREL (1964) schreibt, daß die bisherigen Erfahrungen mit der intensiven Geflügelhaltung unter den Klimabedingungen Zentraleuropas eine Stallerwärmung erforderlich machen. Diese Lufterwärmung soll jedoch nur der Sicherung günstiger Temperatur- und Luftverhältnisse dienen, denn bei günstigen klimatischen Verhältnissen verbessert allein eine Stallerwärmung die Legeleistung nicht. Auch der Futterverzehr je Henne und Tag wird nicht deutlich herabgesetzt und die Verluste werden nicht signifikant vermindert (WEGNER, 1965).
Für den maximalen Luftbedarf gibt SCHMIDT (1963a) 5—6 Kubikmeter pro Stunde und 1 kg Lebendgewicht an und QUERNER (1963) als optimalen 3,5 Kubikmeter. Dabei sollte, um Zugluft zu vermeiden, eine Luftgeschwindigkeit von 1 m/sec nicht überschritten werden (SCHMIDT, 1963b).

2. Untersuchungen

In 2 Stalltypen, die in der Hauptsache im Bezirk Rostock für die Legehennenintensivhaltung Verwendung finden (88,3% aller intensiv gehaltenen Legehennen waren 1964 in ihnen untergebracht), wurden von August 1962 bis Juni bzw. August 1963 Temperatur- und Luftfeuchtigkeitsmessungen durchgeführt. Stall I ist ein Typenprojekt „WV 10000“ und Stall II ein Typenprojekt „Mehrzweckhalle“.

Um Leistung und Futterverbrauch den ermittelten Temperaturen und Luftfeuchtigkeiten gegenüberzustellen, sind in Stall I die Tiere eines Abteils und in Stall II die einer Stallhälfte unter genaue tägliche Leistungskontrolle genommen worden.

Aus Leistungsermittlungen aller Intensivhaltungen* des Bezirkes Rostock 1964 (68 Betriebe) wurden Rückschlüsse auf die Verallgemeinerungswürdigkeit des 1962/63 ermittelten Stallklimaeinflusses auf die Legeleistung und den Gesundheitszustand der Tiere gezogen.

Untersuchungen über die Gewährung von Auslauf unterschiedlichen Umfanges in den genannten Intensivhaltungen wurden durchgeführt und in Beziehung zur Leistung gesetzt.

3. Ergebnisse

3.1. Stalltemperatur

Der Winter 1962/63 und der Sommer 1963 zeigten sehr extreme Temperaturen, weshalb die Stalltemperaturmessungen gerade in diesem Jahr interessant sind.

Die niedrigste Außentemperatur war im Januar 1963 mit −18,4 °C zu verzeichnen und die höchste im August 1963 mit 34,5 °C. Das ist ein Temperaturunterschied von 52,9 °C. Das niedrigste und höchste Monatsmittel lag bei den Außentemperaturen im Januar 1963 bei −9,1 °C bzw. im Juli 1963 bei 22,1 °C. Das ist eine Differenz von 31,2 °C.

Abb. 1 gibt den Verlauf der Temperaturmaxima im Laufe eines Jahres wieder (Monatsmittel).

Es treten deutliche Unterschiede zwischen den zwei untersuchten Ställen auf. Stall I zeigt eine ausgeglichenere Temperatur im Verlaufe des Jahres als Stall II, dessen Temperaturen den Außentemperaturen wesentlich mehr folgen. Das gleiche gilt für die Temperaturminima (Abb. 2).

Von seiten der Temperatur betrachtet ist Stall II schlechter zu beurteilen als Stall I. In Stall II traten zum Beispiel in den Monaten Dezember 1962, Jan.,

* Die untersuchten Intensivhaltungen erfüllten folgende Bedingungen:

1. Benutzung von Dauereinstreu;
2. mechanische Fütterung oder Futterautomaten;
3. Kotbunker mit mechanischer Entmistung oder einmaligem Entfernen des Dunges im Jahr;
4. Durchlauftränke;
5. Konzentration von mindestens 500 Tieren unter den genannten Bedingungen.

Als „Intensivhaltung“ wurde nicht die Haltung ohne Auslauf verstanden, sondern der immer rationellere Einsatz von Produktionsmitteln und Arbeitskräften im Produktionsprozeß zum Zwecke steigender Produktionsergebnisse, also ein rein betriebswirtschaftlicher Begriff.

Die der Legehennenintensivhaltung eigene 1jährige Nutzungsdauer konnte bei der Auswahl der Betriebe nicht als Kriterium benutzt werden, da sie in fast allen Betrieben überschritten wurde.

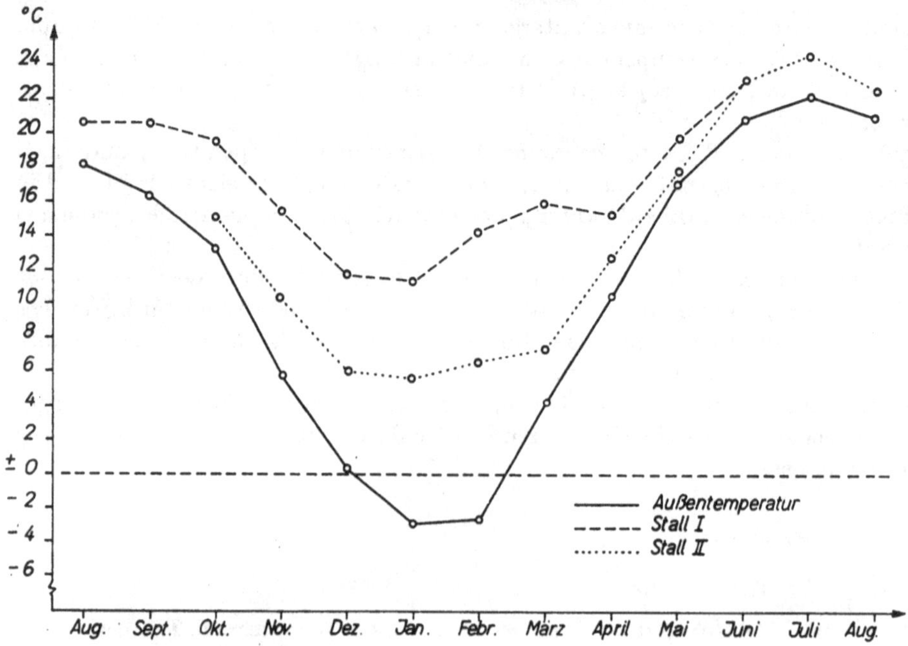

Abb. 1: Temperaturmaxima im Laufe eines Jahres (Monatsmittel)

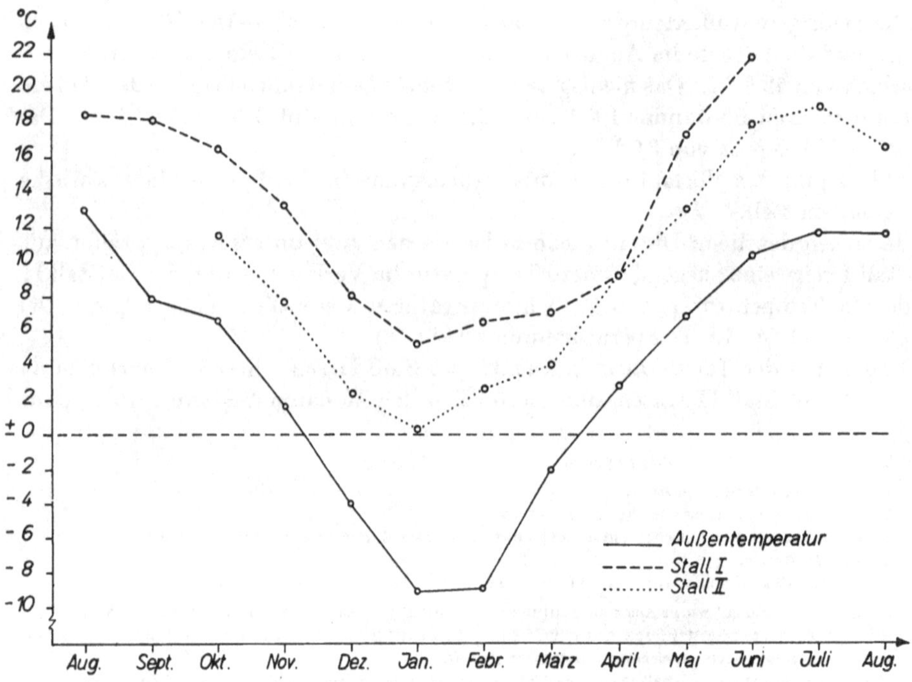

Abb. 2: Temperaturminima im Laufe eines Jahres (Monatsmittel)

Febr. und Anfang März 1963 33 Frosttage auf, während in Stall I kein einziger zu verzeichnen war.

Vom Standpunkt der Temperaturkonstanz (Abb. 3) ist Stall I besser zu beurteilen als Stall II, da ersterer nur durchschnittliche Schwankungen von 2,8 bis 5,5 °C zeigt, dagegen letzterer von 1,1–8,8 °C. Die größten Temperaturschwankungen treten in Stall I von Januar bis April 1963 auf.

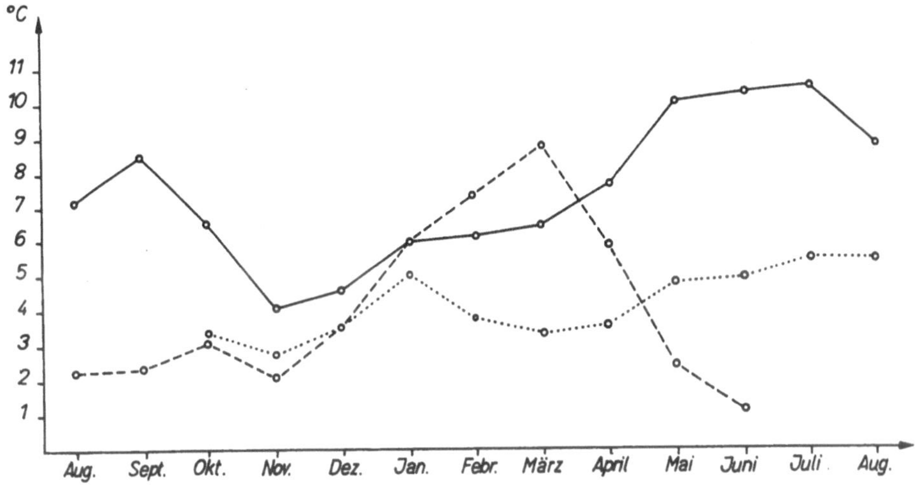

Abb. 3: Tagesschwankungen im Laufe eines Jahres (Monatsmittel)
——— Außentemperatur ·········· Stall I –––––– Stall II

Wenn die von Pappritz (1963) geforderten Stalltemperaturen von 7–20 °C zum Vergleich herangezogen werden, genügt der Stall I den Anforderungen hinsichtlich Minimaltemperaturen von Mitte Dezember bis Ende Februar und Stall II von Anfang November bis Ende März nicht (Abb. 2). Dabei treten in beiden Ställen schon vor und nach dem genannten Zeitraum Temperaturen unter 7 °C auf, da in der Abb. 2 nur die Monatsmittel zum Ausdruck kommen.

Die Temperaturmaxima überschreiten das geforderte Maß in Stall I von Mai bis Mitte September (Juni und Juli sind laut Abb. 1 nur geschätzt, da sie nicht untersucht werden konnten; der Kurvenverlauf läßt jedoch gar keine andere Möglichkeit zu).

In Stall II werden die geforderten 20 °C von Mitte Mai bis Mitte August überschritten.

Demzufolge werden die geforderten Temperaturen in Stall I von Ende Februar bis Ende April und von Mitte September bis Mitte Dezember erreicht. In Stall II herrschen die geforderten Temperaturen von Anfang April bis Mitte Mai und von Mitte August bis Ende Oktober (Abb. 5).

3.2. Luftfeuchtigkeit

Die in den erwähnten Ställen gemessene Luftfeuchtigkeit ist so hoch, daß, besonders in den Wintermonaten, unbedingt mit Leistungsdepressionen zu rechnen

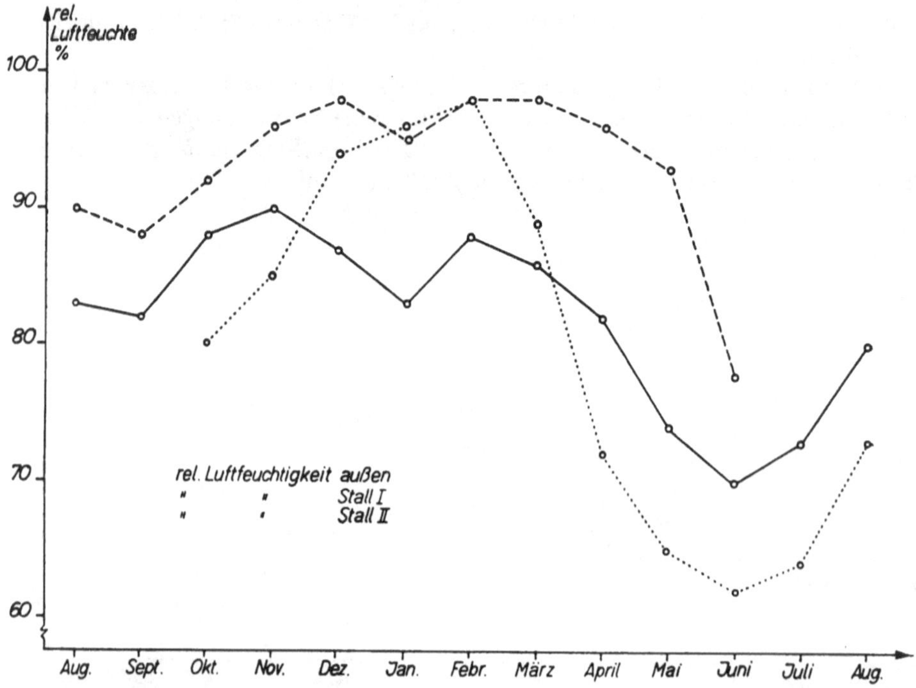

Abb. 4: Prozent relative Luftfeuchtigkeit im Laufe eines Jahres (Monatsmittel)

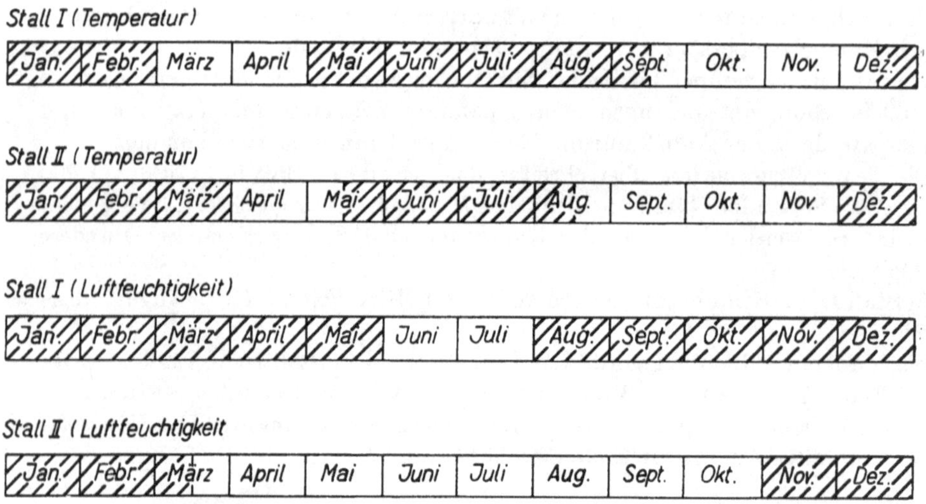

Abb. 5: Überschreitung des angestrebten Temperaturbereiches (7 – 20° C) und der Maximalluftfeuchtigkeit (85%) = schraffierte Abschnitte (einschließlich Nov.-Temp. Stall II)

ist. Wenn die Höchstgrenze der für Legehennenställe angestrebten relativen Luftfeuchtigkeit mit 85% angenommen wird, dann herrschten Werte bis zu 85% im Stall I nur in den Monaten Mitte Mai bis Ende Juli und im Stall II von Mitte März bis Ende September (Abb. 4).

In Stall I herrschten von November bis Mai an 54 Tagen 100% rel. Luftfeuchtigkeit. In Stall II waren es im Januar und Februar 10 Tage. In Stall II ist sehr deutlich das Ansteigen der relativen Luftfeuchtigkeit in den Wintermonaten zu merken, in denen die Fenster der Kälte wegen geschlossen gehalten werden mußten.

Der Stall I hatte von August 1962 bis Juni 1963 ständig eine höhere Luftfeuchtigkeit als die Außenluft, während Stall II nur von Mitte November bis letztes Drittel des März eine höhere Luftfeuchtigkeit aufwies.

Die in den einzelnen Monaten überschrittene maximale Luftfeuchtigkeitsgrenze von 85% rel. Luftfeuchte ist für die untersuchten Ställe ebenfalls in Abb. 5 aufgezeichnet.

3.3. Legeleistung und Futterverbrauch

Tab. 2 und Abb. 6 geben Aufschluß über die Leistungen und den täglichen Futterverzehr je Henne von Oktober 1962 bis Juni bzw. August 1963 in den untersuchten Ställen.

Danach liegt Stall I unter der geforderten Menge von 110—120 g Futterverzehr je Henne und Tag, welches die Ursache für das niedrigere Leistungsniveau gegenüber Stall II ist. Die berechnete Legeleistung wurde immer auf den Monatsanfangsbestand der Tiere bezogen.

Tabelle 2

Futterverzehr und Legeleistung in 2 Stalltypen, in denen von Okt. 1962 bis Aug. 1963 Temperatur- und Luftfeuchtigkeitsmessungen durchgeführt wurden

Monat	Stall I Legeleistung %	(„WV 10000“) tägl. Futterverzehr/Henne g	Stall II Legeleistung %	(„Mehrzweckhalle“) tägl. Futterverzehr/Henne g
Oktober	14,2	95,8	41,0	125,2
November	39,5	99,6	47,8	115,6
Dezember	40,3	112,2	41,2	129,7
Januar	25,5	107,5	39,4	116,8
Februar	42,5	106,8	40,9	116,7
März	47,7	107,0	47,2	118,6
April	45,9	101,3	64,9	126,6
Mai	44,9	92,6	65,5	113,9
Juni	40,4	109,9	61,9	113,2
Juli	—	—	39,4	129,1
August	—	—	36,2	116,8

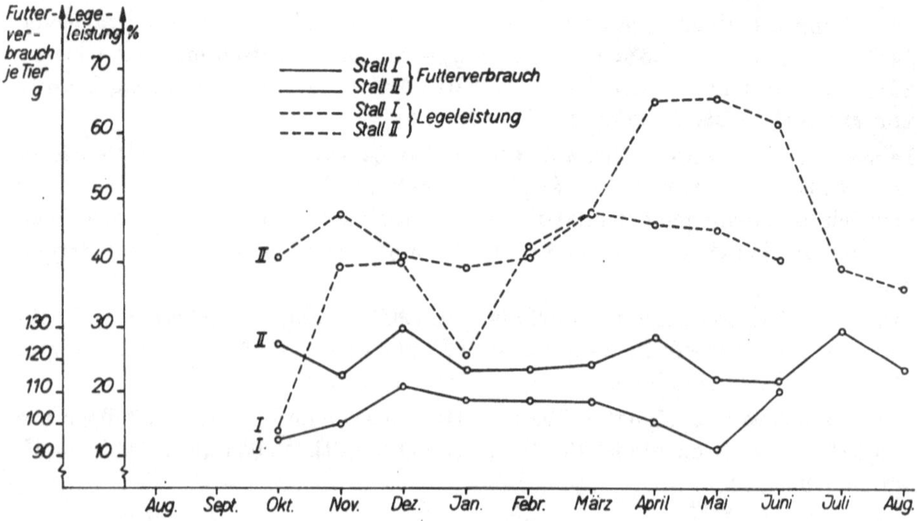

Abb. 6: Futterverbrauch und Legeleistung

Wenn Luftfeuchtigkeit und Temperatur mit der in dieser Zeit gebrachten Leistung verglichen werden, ist ein deutlicher Einfluß auf die Legeleistung zu bemerken. In beiden untersuchten Ställen sind im Herbst 1962 Junghennen der Rasse Weiße Leghorn eingestallt worden, die im Oktober, November und Dezember eine steil ansteigende Leistungskurve hätten zeigen müssen. In Wirklichkeit steigt die Leistung mit ungünstiger werdendem Stallklima langsamer an bzw. fällt von November/Dezember an sogar ab. Der Leistungsanstieg, der sich im November/Dezember hätte zeigen müssen, kommt erst im Februar/März, wo die Minimaltemperaturen wieder über 7 °C ansteigen und die rel. Luftfeuchtigkeit abzunehmen beginnt.

3.4. Ausläufe

In der Praxis herrscht die unbegründete Meinung, daß sich die Legeleistung steigern läßt, wenn den für die Intensivhaltung vorgesehenen Legehennen Auslauf gewährt wird. Aus diesem Grunde haben bereits 82,4% aller Legehennenintensivhaltungen des Bezirkes Rostock 1964 Auslauf bzw. wurde der vorhandene Auslauf vergrößert (Tab. 3).
Die Variationsbreite geht von 0 m² je Tier bis zu unbegrenztem Auslauf. Um mit einer Zahl bei unbegrenztem Auslauf rechnen zu können, sind 10 m² je Tier dafür eingesetzt worden.
Über die Wirkung des Auslaufes schreibt MEHNER (1962): ,,Was die besondere Wirkung des Auslaufes anlangt, so ist beim Auslauf ein unübersichtlicher Komplex der verschiedensten Faktoren wirksam — wertvolles Eiweiß, reichliche Vitaminversorgung, unbekannte Wirkstoffe, hygienische Einflüsse, Sonnenbestrahlung, so daß die häufig beobachtete günstige Wirkung des Auslaufes in

den meisten Fällen als mittelbare Wirkung eines oder mehrerer dieser Faktoren gedeutet werden muß, *die bei entsprechender Kenntnis auch im Stall reproduziert werden kann*".

Tabelle 3
Größe der Ausläufe in den Legehennenintensivhaltungen des Bezirkes Rostock 1964

Kreise	$\bar{x}$-Bestand Legehennen St.	Auslauf m^2	Auslauf m^2/Tier
Grevesmühlen	11819	2289	0,20
Wismar	26497	4140	0,16
Bad Doberan	9230	4818	0,52
Rostock	26603	8436	0,32
Ribnitz/Damg.	15233	42785	2,81
Stralsund	19891	9078	0,46
Bergen	35434	49281	1,39
Grimmen	19070	11770	0,62
Greifswald	13927	7852	0,56
Wolgast	9785	18486	1,89
Bezirk Rostock	187489	169055	0,91

Der Sinn der Intensivhaltung — einen über das ganze Jahr hindurch gleichbleibenden Eieranfall zu gewährleisten — wird durch die Gewährung von Auslauf negativ beeinflußt. Im Winter können die Tiere der Kälte wegen den Auslauf nicht benutzen, also wirkt sich der leistungsfördernde Einfluß nur im Sommer aus, falls überhaupt einer vorhanden ist; es sollte aber gerade die Winterlegeleistung erhöht werden.

Das zur Verfügung stehende Legehennen-Alleinfutter bzw. Legehennen-Konzentrat ist in der Lage, die Tiere bei ganzjähriger Stallhaltung zu Legeleistungen von 160—200 Eiern zu veranlassen. Es muß gesagt werden, daß für die zum Teil sehr großen Ausläufe unnötige Kosten investiert werden, die lohnender für bessere Lüftung bzw. Klimatisierung der Ställe eingesetzt werden sollten.

Wenn sich der Auslauf, der den Tieren in den Betrieben in unterschiedlicher Größe gewährt wird, positiv auswirken würde, müßte sich eine höhere Legeleistung zeigen. Dies ist jedoch nicht der Fall, wie aus folgenden Zahlen hervorgeht (Tab. 4):

Tabelle 4
Legeleistung und Auslauf in Betrieben mit Tierkonzentrationen über 3000 und unter 3000 Legehennen 1964

Tierkonzentrationen	Auslauf je Tier m^2	Legeleistung Eier/Henne St.
>3000 Legehennen	0,23	129,2
<3000 Legehennen	2,17	121,2

Obwohl ein beträchtlicher Unterschied in dem gewährten Auslauf je Henne zwischen den beiden Tiergruppen besteht, zeigt sogar die Gruppe mit dem geringsten Auslauf eine etwas höhere Legeleistung als die Gruppe, der ein ca. 10mal größerer Auslauf zur Verfügung stand.

3.5. Abgangsrate, Abgangsursachen

Die Wirtschaftlichkeit der Legehennenintensivhaltungen ist u. a. von der Gesundheitskontrolle abhängig. Die Merzung kranker bzw. nicht legender Hennen wird in der Praxis nicht im gewünschten Umfange vorgenommen. Oft werden die Tiere erst ausgemerzt, wenn sie nicht mehr verwendet werden können und somit als Verendungen gebucht werden müssen. Vom Gesichtspunkt der Rentabilität des Betriebes aus kann auf die Selektion nicht verzichtet werden. Außerdem ist es volkswirtschaftlich nicht zu vertreten, Geflügelfleisch auf diese Art und Weise der menschlichen Ernährung zu entziehen.

Als Richtzahl können die im Stichprobentest bei der Legeleistungsprüfung 1963/64 aufgetretenen Verendungen gelten. Die Verluste vom 148.—480. Tag lagen bei 19,5% (Ergebnisse der Staatlichen Hühnerleistungsprüfung 1963/64 in der DDR).

In den Jahren 1959/60 bis 1962/63 lagen die Verluste niedriger (8,9%; 8,7%; 9,8%; 7,0%), da die im Standardtest durchgeführten Legeleistungsprüfungen nur an direkten Nachkommen von Stammtieren durchgeführt wurden und somit ein ganz anderes Leistungspotential erfaßten (Ergebnisse der Staatlichen Hühnerleistungsprüfung 1962/63 in der DDR). Im Bezirk Rostock betrugen die Verendungen in allen Legehennenintensivhaltungen 1964 im Durchschnitt 26,4% (Tab. 5).

Tabelle 5
Tierverendungen in den Legehennenintensivhaltungen des Bezirkes Rostock 1964

Kreise	Verendungen (%)
Grevesmühlen	19,4
Wismar	30,0
Bad Doberan	19,9
Rostock	26,5
Ribnitz/Damg.	30,1
Stralsund	32,1
Bergen	22,7
Grimmen	25,9
Greifswald	27,8
Wolgast	24,9
Bezirk Rostock	26,4

Es muß festgestellt werden, daß Totalverluste über 25%, wie sie im Mittel aller Intensivhaltungen des Bezirkes Rostock 1964 auftraten, einen erheblichen Einfluß auf die Kosten und damit die Wirtschaftlichkeit der Legehennenintensivhaltungen ausüben werden.

Als Abgangsursachen konnten bei Befragung aller Intensivhaltungen des Jahres 1964 39,6% keine spezifischen Krankheiten angeben. Von den übrigen Betrieben nannten als Hauptabgangsursachen

14 Betriebe Marek'sche Lähme,
13 Betriebe Erkrankungen der Atmungswege,
8 Betriebe Erkrankungen der Legeorgane,

8 Betriebe Raubzeug,
4 Betriebe Würmer und
2 Betriebe Leukose.

An 2. Stelle wurden Erkrankungen der Atmungswege genannt, deren Ursache in den schlechten klimatischen Bedingungen der Ställe zu suchen ist.
Abgänge durch Raubzeug dürften nicht vorkommen. Durch unzweckmäßige Gewährung von zum Teil sehr großem Auslauf sind diese Schäden entstanden.
Daß bei den Betriebsbefragungen Marek'sche Lähme an erster Stelle rangierte, mag daher rühren, daß unspezifische Krankheitserscheinungen, die sich äußerlich ähnlich wie die Marek'sche Lähme zeigen, erfaßt wurden (z. B. auch Leukose).
Würmer rangieren in den Intensivhaltungen unter den ersten 5 Krankheiten. Das hat seine Ursache ebenfalls in den schlechten Luftfeuchtigkeitsverhältnissen der Ställe, in denen die nasse Einstreu eine günstige Umwelt für diese Parasiten bietet.

3.6. Gesamtlegeleistung

Seit 1957 ist das Niveau der Legeleistung je Henne in der DDR ungefähr gleich geblieben, wie Tabelle 6 zeigt.

Tabelle 6
Gesamterträge an Eiern, Legeleistung je Henne sowie Eiererzeugung und Eierverbrauch je Kopf der Bevölkerung 1955–1964 in der DDR (Stat. Jahrbuch 1965)

Jahr	Erträge Mill. St.	Eier je Henne St.	Erzeugung je Kopf der Bevölkerung St.	Verbrauch je Kopf der Bevölkerung St.
1955	2042,8	106	114,5	116
1956	2400,0	120	136,3	
1957	2742,3	132	157,5	
1958	3026,7	132	174,8	176
1959	3126,8	132	180,9	177
1960	3511,5	135	204,3	197
1961	3602,3	131	210,9	203
1962	3100,0	127	180,9	181
1963	3250,0	132	189,2	189
1964	3695,6	139	217,2	205

Es wäre anzunehmen, daß die Intensivhaltungen des Bezirkes Rostock einen höheren Leistungsstand aufweisen als der Durchschnitt aller Betriebe. Das Gegenteil ist jedoch der Fall, wie aus folgenden Zahlen hervorgeht (Tab. 7.).
Diese Leistungsdifferenz kommt auch noch darin zum Ausdruck, daß der Anteil der intensiv gehaltenen Legehennen am Gesamt-Legehennenbestand größer ist als der Anteil des Eieranfalles aus den Intensivhaltungen am Gesamteieranfall des Bezirkes Rostock (Tab. 8).

Tabelle 7

Legeleistung je Henne in den Intensivhaltungen des Bezirkes Rostock 1962—1964

Jahr	DDR Eier/Henne St.	Intensivhaltung Eier/Henne St.	Differenz
1962	127	118	9
1963	132	121	11
1964	139	127	12

Die Gründe für die schlechten Legeleistungen sind in schlechten allgemeinen Produktionsbedingungen zu suchen.

Tabelle 8

Anteil der Eier und Legehennen am Gesamteieranfall bzw. Gesamt-Legehennenbestand des Bezirkes Rostock 1962—1964

Jahr	Anteil an der Gesamt-legeleistung in %	Anteil an den Gesamt-legehennen in %
1962	8,8	10,8
1963	9,6	13,3
1964	9,0	11,0

Im Bezirk Rostock schwankten die Legeleistungen je Henne in den Intensivhaltungen der letzten Jahre erheblich, und zwar

1962 von 36,0 bis 185,0 Eier je Henne
1963 von 39,6 bis 183,3 Eier je Henne
1964 von 63,3 bis 183,8 Eier je Henne.

Vergleicht man die Leistungen der Landeszucht und speziell die der Intensivhaltungen mit den Ergebnissen der Staatlichen Hühnerleistungsprüfung, so fällt wieder eine beträchtliche Leistungsdifferenz ins Auge (Tab. 9).

Tabelle 9

Ergebnisse der Staatlichen Hühnerleistungsprüfung (Weiße Leghorn) in der DDR 1955—1964

Jahr	Eizahl/Henne	davon Wintereier
1955—59	207,6	79,9
1959/60	197,9	80,4
1960/61	206,5	76,5 Standardtest
1961/62	200,4	79,2
1962/63	212,2	86,0
	161 (Linien)	.
1963/64	160 (WL)	. Stichprobentest
	189 (Hybriden)	.

Die im Stichprobentest geprüften Tiere 1963/64 fallen in der Leistung etwas ab, stellen aber ein unselektiertes Material einer Hennenpopulation dar und präsentieren das zur Zeit in der Landeszucht herrschende züchterische Potential.
1963/64 erreichten die reinen Linien (WL) eine Legeleistung von 161 Eiern je Henne am 480. Tag (nach Anfangsbestand), die Weißen Leghorn 160 und die Linienhybriden 189.
Vergleichbare Ergebnisse der Legehennenhaltung unter den Bedingungen der Großproduktion in der ČSSR liegen höher als die in den Intensivhaltungen des Bezirkes Rostock ermittelten. In 20 Betrieben wurden 1960/61 Untersuchungen über Kosten und Rentabilität durchgeführt, in denen die Legeleistung 146,3 (Bodenhaltung) und 150,5 (Käfighaltung) Eier je Henne und Jahr betrug und damit 43% über dem Landesdurchschnitt lag (Danžina, 1963). Offenbar sind in der ČSSR die besseren Produktionsbedingungen der Großproduktion auch besser genutzt worden.

3.7. Winterlegeleistung

Untersuchungen über die Winterlegeleistung konnten an 51 Betrieben mit Legehennenintensivhaltung 1964 durchgeführt werden.
Der Vorteil der Intensivhaltung besteht in einer hohen Winterlegeleistung der Monate November, Dezember, Januar und Februar. In diesen Monaten können je Henne 70 Eier verlangt werden (Müller u. Heidenreuter, 1963). Diese Leistung erreichte von den untersuchten Betrieben keiner (Tab. 10).

Tabelle 10
Winterlegeleistung

Betrieb	Eieranfall St.	Legehennen $\bar{x}$ St.	Eier/Henne St.
1	76506	2839	26,9
5	51987	1645	31,6
6	78877	1747	45,1
7	192349	4138	46,5
8	69480	4217	16,5
10	169195	3992	42,4
12	222426	4394	50,6
13	58529	1675	34,9
14	25946	1339	19,4
16	48950	1793	27,3
17	92500	2146	43,1
18	378378	5901	64,1
19	241500	6326	38,2
20	126268	5531	22,8
21	116259	3264	35,6
23	45663	1716	26,6
24	100820	1749	57,6
25	26559	1447	18,4
27	160574	4216	38,1
29	102721	2482	41,4

Tabelle 10 (Fortsetzung)

Betrieb	Eieranfall St.	Legehennen $\bar{x}$ St.	Eier/Henne St.
30	356690	6954	51,3
31	175872	5224	33,7
32	166581	3410	48,8
33	40499	877	46,2
34	26414	1036	25,5
35	45668	1084	42,1
36	56740	2427	23,4
37	37713	1743	21,6
38	27817	804	34,6
40	46723	1698	27,5
43	20428	708	28,8
45	53196	1414	37,6
46	27215	1117	24,4
47	20880	481	43,4
50	288978	6988	41,4
51	229076	7191	31,8
52	314492	5970	52,7
53	78913	1650	47,8
54	44798	874	51,3
56	127483	3501	36,4
57	22006	816	27,0
59	238660	4475	53,3
60	121578	4165	29,2
61	503577	13593	37,1
62	296743	10321	28,7
63	47704	1175	40,6
64	41396	1262	32,8
65	53572	1246	43,0
66	257370	5263	48,9
67	183655	4433	41,3
68	31655	1220	25,9
Sa.	6371540	165175	38,6

Im Durchschnitt aller Intensivhaltungen wurden 38,6 Eier in den genannten Monaten erzeugt. Die Schwankungsbreite reicht von 16,5—64,1 Eier je Henne (Vergl. auch Ergebnisse der Staatlichen Hühnerleistungsprüfung, Tab. 9).

3.8. Monatliche Legeleistung

In den Legehennenintensivhaltungen muß eine ausgeglichene Leistung vermutet werden, wenn ausgeglichene Umweltbedingungen das ganze Jahr über vorherrschen. Da das jedoch nicht der Fall ist, wie bereits erläutert wurde, machen sich äußere Einflüsse in der monatlichen Leistungskurve bemerkbar. Wenn der Einfluß unkontinuierlich wäre, könnten in der Hauptsache Futterschwierigkeiten vermutet werden.

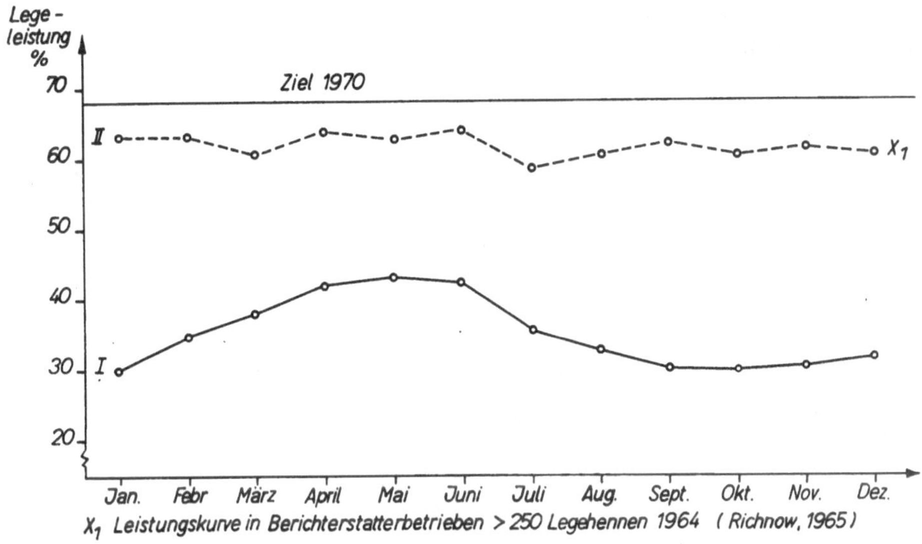

Abb. 7: Monatliche Legeleistung der Legehennenintensivhaltungen des Bezirkes Rostock 1964 in %

Der in Kurve I (Abb. 7) sichtbare kontinuierliche Einfluß (langsames Ansteigen der prozentualen Legeleistung in den Frühjahrsmonaten und Absinken gegen Ende der Legeperiode) läßt auf andere Umwelteinflüsse schließen. Der Mangel der nicht genügend be- und entlüfteten Ställe bzw. das völlige Fehlen einer Klimatisation kommen hier zum Ausdruck.

Das Sinken der prozentualen Legeleistung im Herbst kann durch das Umstallen erklärt werden — es sind nicht genügend legereife Junghennen vorhanden. Der größte Teil der Betriebe ersetzt nämlich nur einmal im Jahr die Althennen durch Junghennen.

Die Leistungskurve II der Abb. 7 ist in Berichterstatterbetrieben über 250 Legehennen des gleichen Zeitraumes in Westdeutschland ermittelt worden (Richnow, 1965). Sie hat ein wesentlich höheres Leistungsniveau und zeigt die erwünschte Ausgeglichenheit.

Nach Schuberth (1964) soll die Legeleistung je Henne 1970 250 Eier betragen, was der in Abb. 7 eingezeichneten Linie bei 68% Legeleistung entspricht.

3.9. Kontinuität des Eieranfalls

Der wichtigste volkswirtschaftliche Gesichtspunkt der Legehennenintensivhaltung ist der gleichmäßige Eieranfall das ganze Jahr über. Er garantiert gleichzeitig eine bessere Eiqualität, da die anfallenden Eier als Frischeier verzehrt werden können. Es tritt keine wesentliche Erzeugungsspitze mehr auf und damit könnte ein Teil der Kühlkapazität von Eiern frei werden und eventuell für Obst und Gemüse zur Verfügung stehen.

In den Intensivhaltungen des Bezirkes Rostock ist die monatliche Eierproduktion im Verhältnis zur Gesamtproduktion ziemlich ausgeglichen (Abb. 8).

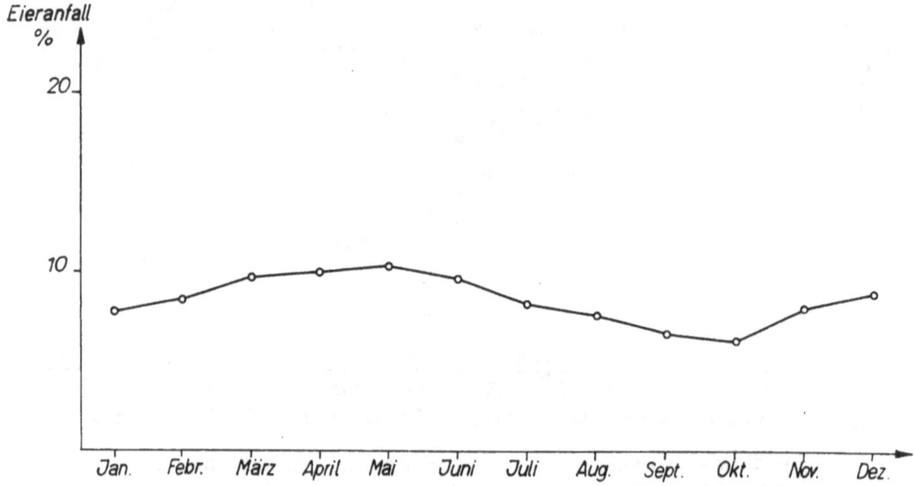

Abb. 8: Monatlicher prozentualer Eieranfall bei Legehennenintensivhaltungen im Verhältnis zur Gesamtproduktion des Bezirkes Rostock 1964

Zum Vergleich soll das monatliche staatliche Aufkommen an Eiern im Bezirk Rostock im Verhältnis zum gesamten staatlichen Aufkommen betrachtet werden (Abb. 9).
Hierin kommt der Unterschied zu Abb. 8 (Intensivhaltung) zum Ausdruck. Während in Abb. 8 nur eine Differenz der höchsten monatlichen Produktion zur niedrigsten von 6,2%—9,9% Eieranfall an der Gesamtproduktion vorhanden ist, reicht sie in Abb. 9 von 2,8—14,5%. Diese ungeheure Differenz im Produk-

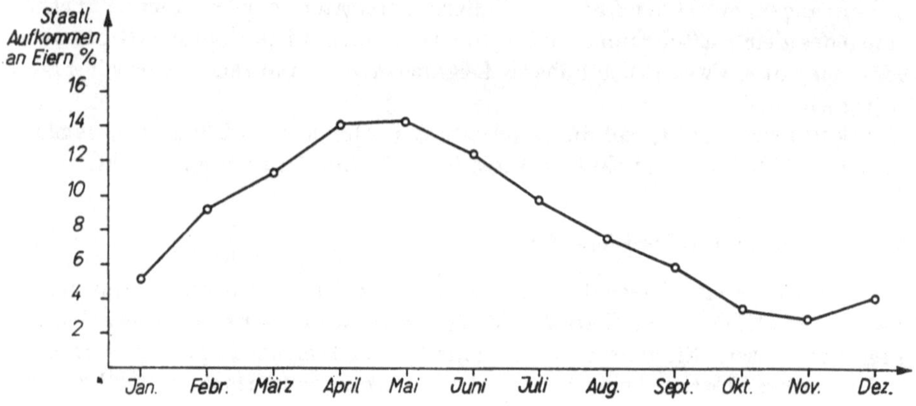

Abb. 9: Monatliches staatliches Aufkommen an Eiern in % des Gesamtaufkommens 1964

tionsanfall auszugleichen, muß Ziel der nächsten Jahre sein. Das gleiche Bild zeigt der monatliche Anfall an Eiern im Verhältnis zur Gesamtproduktion 1964 nach Kreisen aufgeschlüsselt.

Obwohl der Anteil der intensiv gehaltenen Legehennen am Gesamt-Legehennenbestand in den einzelnen Kreisen unterschiedlich ist, macht sich noch kein Produktionsausgleich bemerkbar.

Als wichtigste Aufgabe der Legehennenhaltung des Bezirkes Rostock hat in den nächsten Jahren die Erhöhung des Anteils an intensiv gehaltenen Legehennen zu gelten, um eine kontinuierliche Versorgung der Bevölkerung mit Frischeiern zu gewährleisten. Da im Bezirk Rostock in den nächsten Jahren keine zusätzlichen Investitionen für den Neubau von Geflügelställen geplant sind, müssen die vorhandenen Produktionsbedingungen verbessert werden, um zu einer höheren Leistung und zu einer Erweiterung der Bestände in den Legehennenintensivhaltungen zu kommen.

Der aus den Untersuchungen hervorgegangene stallklimatisch abhängige Kurvenverlauf der Legeleistung läßt die unzureichenden stallklimatischen Bedingungen erkennen, die sich besonders in den Wintermonaten auswirken. Die Verbesserung der Be- und Entlüftung einschließlich Luftumwälzung und die Installation einer Heizung zur Regelung der Lüftungsverhältnisse im Winter werden ein gleichmäßiges Ansteigen der Legeleistung vom Einstallen der Junghennen im Herbst über Winter bis zum Frühjahr zur Folge haben und damit die Gesamtlegeleistung heben.

Zusammenfassung

Von August 1962 bis August 1963 wurden Temperatur- und Luftfeuchtigkeitsmessungen in 2 Typenprojekten für Legehennenintensivhaltung im Bezirk Rostock durchgeführt, in denen 88,3% aller intensiv gehaltenen Legehennen untergebracht sind. Stall I (WV 10000) und Stall II (Mehrzweckhalle für 2000 Legehennen) entsprachen hinsichtlich Temperatur- und Luftfeuchtigkeit in keiner Weise den geforderten Bedingungen.

In Stall I wurde der für eine normale Legeleistung zulässige Temperaturbereich von 7—20 °C lediglich von Anfang März bis Ende April und von Mitte September bis Mitte Dezember nicht überschritten und in Stall II von Anfang April bis Mitte Mai und von Mitte August bis Ende November.

Die maximale Luftfeuchtigkeit von 85% rel. Luftfeuchte wurde in Stall I nur in den beiden Monaten Juni und Juli nicht überschritten und in Stall II von Mitte März bis Ende Oktober. In gleichzeitigen Untersuchungen über die Legeleistung stellte sich ein stark stallklimatisch abhängiger Kurvenverlauf während eines Legejahres heraus. In den Wintermonaten ist ein spürbares Absinken der Leistungskurve zu verzeichnen, das erst wieder im Febr./März, wo die Minimaltemperaturen über 7 °C zu steigen und die rel. Luftfeuchtigkeit abzunehmen beginnen, nachläßt.

Bei Untersuchungen aller im Bezirk Rostock 1964 vorhandenen Legehennenintensivhaltungen macht sich dieselbe Tendenz bemerkbar, die hinsichtlich Ge-

samtlegeleistung, Winterlegeleistung, monatlicher Legeleistung und Kontinuität des Eieranfalles untersucht wurde.
Der Einbau einer Heizung zur Regelung des Stallklimas in den Wintermonaten wird vorgeschlagen.

Резюме

В Ростокском округе с августа 1962 года по август 1963 года измеряли температуру и влажность воздуха в двух типовых проектах интенсивного содержания несушек, в которых были размещены 88,3% всех несушек интенсивного содержания. Птичник I (WV 10000) и птичник II (универсальное помещение для 2000 несушек) в отношении температуры и влажности воздуха ни в какой мере не отвечали предъявляемым к ним требованиям. В птичнике I допустимая при нормальной яйценоскости температура от 7 до 20 °C не нарушалась лишь с начала марта до конца апреля и со середины сентября до середины декабря, а в птичнике II — с начала апреля до середины мая и со середины августа до конца ноября.
Максимальная относительная влажность воздуха в 85% не превышалась в птичнике I лишь в два месяца — в июне и июле, а в птичнике II — со середины марта до конца октября. В проведенных одновременно исследованиях яйценоскости проявлялась сильная зависимость яйценоскости от климата помещений. В зимние месяцы кривая продуктивности заметно снижается, причем этот спад становится менее резким лишь в период февраль/март, когда минимальные температуры начинают превышать 7 °C, а влажность воздуха уменьшается.
В Ростокском округе во всех имевшихся в 1964 году птичниках с интенсивным содержанием несушек проявляется та же самая тенденция, которая исследовалась с точки зрения общей, зимней и месячной яйценоскости, а также — бесперебойности яйцекладки.
Предлагается устроить отопительную установку для регулирования климата помещения в зимние месяцы.

Summary

Between August 1962 and August 1963 temperature and atmospheric moisture were measured in two typified compounds for intensive keeping of laying hens, in which 88.3 per cent of all intensively kept laying hens of the Rostock district are accommodated.
The hen-houses I (WV 10,000) and II (multi-purpose hall for 2,000 laying hens) did not at all satisfy the temperature and humidity conditions required.
Only between beginning of March and end of April as well as between mid September and mid December the temperature range of 7 to 20 °C permissible for normal laying results was not exceeded in house I, while in house II the permissible range was kept merely between beginning of April and mid May as well as between mid August and end of November.
The maximum relative air humidity of 85 per cent was kept only in June and July in house I and between mid March and end of October in house II. Simultaneous studies on the laying results revealed that the curve for one laying year was closely dependent on the climatic conditions in the hen-house. A remarkable

decline of the performance curve was observed during the winter months, which was reduced not until February/March when minimum temperatures increased beyond 7 °C and relative humidity of the air started to drop.
An investigation into all the units for intensive keeping of laying hens which existed in the Rostock district in 1964, revealed the same trend which was studied with regard to total egg yield, winter egg yield, monthly egg yield, and continuity of egg production.
The installation of heating facilities is recommended in order to control the climatic conditions in the hen-house during the winter season.

Literatur

BRANDSCH, H.: Vorschläge und Forderungen der Viehwirtschaft an Technologie und Stallbau. Dt. Landwirtsch. 15 (1964a), S. 146
BRANDSCH, H.: Fragen der Spezialisierung in der Geflügelproduktion unter besonderer Berücksichtigung der Reproduktion der Legehennenbestände. Tierzucht 18 (1964b), S. 211
DANŽINA, V.: Zatraty na soderžanie kur — nesušek v kooperativach i goschozach Čechoslovakii v uslovijach krupnogo proizvodstva. Socialist. zeměd., Praha, 13 (1963), S. 219
JANOWSKI, T. M.: Tierhygienische Bedeutung und Beurteilung der Umweltfaktoren in der Geflügelzucht. In: Probleme der intensiven Geflügelwirtschaft. Schr.-R. Inst. f. Geflügelwirtschaft Merbitz, 1964, H. 4
MEHNER, A.: Geflügelzucht. Hamburg u. Berlin, Verl. Paul Parey, 1962, S. 433
MÜLLER, H.; HEIDENREUTER, U.: Untersuchungen über die Brauchbarkeit verschiedener Rassen in der Intensivgeflügelhaltung. Tierzucht, 17 (1963), S. 97
OREL, V.: Probleme der Stallhaltung von Geflügel vom Standpunkt des Stallklimas. Probleme der intensiven Geflügelwirtschaft. Schr.-R. Inst. f. Geflügelwirtsch. Merbitz, 1964, H. 4, S. 7
PAPPRITZ, C.-L.: Grundlagen für die Lüftung von Hühnerställen. Landtechnik, München, 18 (1963), S. 506
QUERNER, H.: Einrichtung von modernen Intensivställen für Legehennen. Mitt. Dt. Landwirtsch.-Ges. 78 (1963), S. 223
RICHNOW, H. J.: Legeleistung der Hennen und Eiererzeugung 1964. Dt. Geflügelwirtsch. 17 (1965), S. 207
SCHANZE, H.: Hühner stellen Ansprüche an das Stallklima. Hühnerbrief Nr. 10, 1962, Bonn
SCHMIDT, L.: Lüftung oder Klimatisierung? Dt. Geflügelwirtsch. 15 (1963a), S. 429
SCHMIDT, L.: Klimatisierung — praktisch. Dt. Geflügelwirtsch. 15 (1963b), S. 439
SCHOLTYSSEK, S.: Die Technik in der Hühnerhaltung. Tierzüchter 15 (1963), S. 143
SCHUBERTH, L.: Stand und weitere Entwicklung der Geflügelzucht. Tierzucht 18. (1964), S. 547
WEGNER, R. M.: Der Einfluß der Stallbeheizung auf die Leistung von Legetyp-Hennen. Arch. Geflügelk. 29 (1965), S. 293
o. V.: Ergebnisse der Staatlichen Hühnerleistungsprüfung 1962/63 in der DDR. Vereinigung Volkseigener Betriebe Tierzucht Paretz, Kreis Nauen
o. V.: Ergebnisse der Staatlichen Hühnerleistungsprüfung 1963/64 in der DDR. Vereinigung Volkseigener Betriebe Tierzucht Paretz, Kreis Nauen
o. V.: Statistisches Jahrbuch der DDR 1965

Anschrift der Verfasserin
Dr. HELGA HAYNISCH
25 Rostock 1
Am Wendländer Schilde 6

Aus dem Institut für Geflügelkrankheiten
der Humboldt-Universität zu Berlin

GÜNTHER HEIDER und ERWIN PRUSAS

Die Verträglichkeit von Stechapfelsamen (*Semen Stramonii*) für Broilerküken

Eingegangen: 9. 9. 1966

1. Einleitung

Immer wieder wird von Geflügelzüchtern und -haltern geäußert, daß Stechapfel (*Datura stramomium* L.) für Geflügel schädlich wäre. Offensichtlich resultiert diese Ansicht aus dem Wissen um die mögliche Giftwirkung von Nachtschattengewächsen auf tierische und menschliche Organismen. Der Stechapfel ist eine Solanaceae, die fast überall in Europa vorkommt, massenhaft als Unkrautpflanze jedoch in den Subtropen auftritt, da sie sehr wärmeliebend ist. Getreide und andere Feldprodukte aus diesen Zonen, besonders aber Sojabohnen, sind daher oft mit Stechapfelsamen verunreinigt und waren Anlaß für Massenvergiftungen. So berichtet PULEWKA, P. (1949) über einen Fall aus der Türkei, wo in einem Landkreis Menschen durch mit Stechapfelsamen verunreinigtem Brotmehl erkrankten. Die Samen und andere Pflanzenteile enthalten Alkaloide der Atropingruppe. Es sind hauptsächlich Hyoszyamine, daneben auch noch Scopolamin. Bei den Ernteverfahren und der Aufarbeitung entsteht durch spontane Razemisierung von L- und D-Hyoszyamin Atropin. Atropin ist also ein Produkt, welches L- und D-Hyoszyamin zu gleichen Teilen enthält (HAUSCHILD, 1960). Der Alkaloidgehalt des Samens wird von STÄHLIN (1957) mit 0,33 bis 0,48% angegeben.

FANGAUF und VOGT (1961) berichten über die Verträglichkeit von Stechapfelsamen bei Legehennen und Küken. Sie konnten feststellen, daß erst bei der Verabreichung von 100 Samen je Tier und Tag (= 0,75 g Stechapfelsamen) 14 Tage alte Broiler-Küken ein minimales Zurückbleiben in der Gewichtsentwicklung zeigten. Gesundheitsschäden traten nicht auf, und die Autoren betrachten die Verunreinigung von Sojaschrot mit Stechapfelsamen als unbedenklich. Enten, die Stechapfel aufgenommen haben, sollen nach STÄHLIN (1957) nicht erkranken. HEYDEL (1963) vertritt die Ansicht, daß ein Besatz an Stechapfelsamen in einer Höhe von 0,01% und darüber in Futtermitteln stets bedenklich ist, da die dann vorliegende Toxizität möglicherweise schon ausreichen kann, um den tierischen Organismus zu schädigen.

2. Eigene Untersuchungen

Anlaß für unsere Untersuchungen war ein relativ hoher Besatz mit Stechapfelsamen in einer Sojaschrotlieferung.

2.1. Material und Methoden

Für den Versuch wählten wir Broilerküken (White Rock × Cornish) aus, die in 4 Gruppen zu je 25 Tieren zusammengestellt wurden. Alle Tiere wurden unter gleichen Umweltbedingungen in unserer Forschungsabteilung in Damsdorf gehalten. Nachstehend ist die Gruppeneinteilung und die Dosierung des Stechapfelsamens aufgeführt.

Gruppe I Gesundheitskontrolle (Grundfutter),
Gruppe II Grundfutter mit 10 mg% Stechapfelsamen,
Gruppe III Grundfutter mit 50 mg% Stechapfelsamen,
Gruppe IV Grundfutter mit 100 mg% Stechapfelsamen.

Die angegebenen Mengen Stechapfelsamen entsprechen einem Besatz im Sojaschrot von 0,01%, 0,05% und 0,1%. Als Grundfutter diente in den ersten 14 Tagen ein Fertigfutter, welches die Anforderungen eines Broilerstarterfutters erfüllte. Daran anschließend bis Versuchsende wurde Broilermastalleinfutter eingesetzt. Beide Futter waren frei von Stechapfelsamen bzw. Teilen davon. Der Stechapfelsamen wurde fein gemahlen und in den angegebenen Dosen den Futtermitteln maschinell zugemischt. In dem von uns benutzten Samen wurde mittels der acidimetrischen Methode 0,38% Hyoszyamie in 4,0 g Substanz festgestellt.[1]
Der Versuch wurde über 9 Wochen durchgeführt und für die Verträglichkeit des Stechapfelsamens der Gesundheitszustand, der Futterverbrauch und die Masseentwicklung der Tiere als Kriterien zugrunde gelegt.

2.2. Ergebnisse

Klinische Symptome einer Gesundheitsschädigung durch Stechapfelkaloide konnten bei den Küken nicht festgestellt werden. In der Gruppe II hat jedes Küken insgesamt 27,981 mg, in der Gruppe III 140,841 mg und in der Gruppe IV 287,753 mg Stechapfelsamen aufgenommen. Es blieben Anzeichen einer kumulitierenden Wirkung aus. Bei den zu Beginn des Versuches verendeten 2 Küken wurde als Todesursache Nabelentzündung bzw. Nierengicht ermittelt. Die Masseentwicklung der Küken der Gruppe I (Gesundheitskontrolle) war gegenüber den Gruppen II—IV (Stechapfelsamen im Futter) schlechter. Diese Gruppen zeigten gegenüber der Gruppe I eine Erhöhung der durchschnittlichen Gruppenmasse auf 106,8%, 106,2% und 105,8%. Sie entwickelten sich kontinuierlich, während die Gesundheitskontrollgruppe ab der 2. Versuchswoche zurückblieb und in der 8. Woche eine deutliche Wachstumsdepression aufwies. Eine ähnliche Tendenz war bezüglich des Futterverbrauches festzustellen. Der Futterverbrauch für 100 g Massezunahme je Küken betrug in der Gruppe I 323,6 g (= 100%). Demgegenüber haben die Gruppen II mit 281,4 g (= 86,9%), III mit 286,9 g (= 88,6%) und IV mit 306,9 g (94,8%) auch hier ein besseres Ergebnis. Die Abbildung soll diese Ergebnisse verdeutlichen.

3. Diskussion

Die Ergebnisse dieses Versuches besagen, daß Hühnerküken in den ersten neun Lebenswochen bis zu 0,1% Stechapfelsamen im Futter ohne Schädigung ihrer

[1] Wir danken auch an dieser Stelle dem Institut für Pharmakologie und Pharmazie der Vet.-med. Fakultät der Humboldt-Universität für diese Untersuchung.

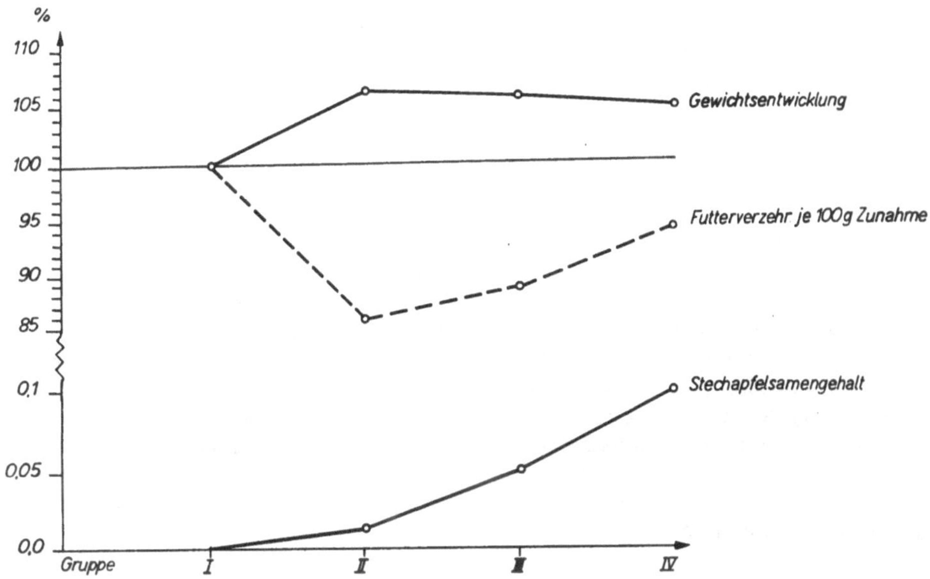

Wirkung von Stechapfelsamen auf die Entwicklung von Hühnerküken

Gesundheit vertragen können. Die Stechapfelsamen, die zur Anwendung kamen, hatten mit 0,38% einen hohen Hyoszyamingehalt (das DAB 7 fordert einen Mindestgehalt von 0,25% im Stechapfelkraut). Mit 287,753 mg hat jedes Küken der Gruppe IV eine relativ hohe Menge dieser Samen aufgenommen und bestens vertragen. Da in der Praxis nach Fangauf und Vogt (1961) in einem Kilogramm Sojabohnen bis höchstens 30 Stechapfelsamen als Fremdbesatz gefunden werden, was einer Verunreinigung von höchstens 0,02% entspricht, ist eine Vergiftung der Küken ausgeschlossen. Unsere Ergebnisse bestätigen die Erfahrungen von Fangauf und Vogt und sagen aus, daß die Ansicht von Heydel (1963), wonach ein Fremdbesatz von 0,01% möglicherweise den tierischen Organismus schädigt, nicht für Hühnerküken zutrifft. Auffallend ist, daß in unserem Versuch hinsichtlich der Masseentwicklung und des Futterverbrauches alle Küken, die Stechapfelsamen erhielten, bessere Ergebnisse erreichten als die der Kontrollgruppe. Ob diese günstige Entwicklung auf den Stechapfelgehalt zurückzuführen ist, möchten wir anhand dieses einen Versuches nicht erörtern. Für diese Fragestellung wären weitere Experimente erforderlich.

Zusammenfassung

In einem Versuch mit Broilerküken wurde die Verträglichkeit von Stechapfelsamen (*Semen Stramonii*) geprüft. Die höchste Dosierung betrug 0,1% Stechapfelsamen im Sojaschrot, was einer absoluten Menge von 287,753 mg entsprach, die von den Küken im Zeitraum von 9 Wochen aufgenommen wurde. Beeinträchtigungen der Gesundheit der Tiere, insbesondere eine kumulierende Wirkung, wurden nicht beobachtet. Da in der Praxis i. R. höchstens 30 Stechapfelsamen (0,02%) im Kilogramm Sojaschrot als Fremdbesatz gefunden werden, ist eine Futterschädlichkeit bei Küken ausgeschlossen. Auffallend ist, daß die Küken, die Stechapfelsamen mit einem Gehalt von 0,38% Hyoszyamin erhielten, im Verhältnis zu den Kontrolltieren eine bessere Masseentwicklung und einen geringeren Futterverbrauch zeigten.

Резюме

В опыте с бройлерами проверялась выносливость в отношении семян дурмана (Semen Stramonii). Максимальная дозировка составляла 0,1% семян дурмана в соевом шроте, что соответствовало абсолютному количеству в 287,753 мг, усвояемому цыплятами в течение 9 недель. При этом не было установлено ни ущемления здоровья животных, ни кумулирующщло действия. Так как на практике в качестве примеси, как правило, встречаются в крайнем случае лишь 30 семян дурмана (0,02%) в килограмме соевого шрота, то усвоение таких кормов цыплятам вреда не причиняет. Бросается в глаза, что цыплята, получавшие семена дурмана с содержанием 0,38% гиосциамина имели по сравнению с контрольными животными лучшие привесы и потребляли меньше кормов.

Summary

The compatibility of thorn apple seed (*semen stramonii*) was studied in an experiment with broiler chicken. The maximum dose was 0.1% of thorn apple seed in the coarse soybean meal. This was equivalent to an absolute quantity of 287.753 mg absorbed by the chicken within nine weeks. Impairment of the health of the chicken or cumulating effects were not observed. Since under practical conditions the maximum admixture is usually only 30 thorn apple seeds (0.02%) per kg coarse soybean meal, the consumption of such fodder is not dangerous to chicken. It is evident that chicken which received thorn apple seed with 0.38% hyoscyamine content showed better live weight increase and lower fodder consumption than the control animals.

Literatur

FANGAUF, R.; VOGT, H.: Mitteilung über einen Verträglichkeitsversuch mit Stechapfelsamen (Daturasamen) bei legenden Hennen und bei Küken. Arch. f. Geflügelkd. 25 (1961), S. 167

HAUSCHILD, F.: Pharmakologie und Grundlagen der Toxikologie. 3. Aufl., Leipzig, Verl. VEB Georg Thieme, 1961, S. 551

HEYDEL, H. R.: Über Methoden und Ergebnisse der mikroskopischen Futtermitteluntersuchung. Landw. Versuchs- u. Untersuchungswesen 9 (1963), S. 251

PULEWKA, P.: Die Aufklärung einer ungewöhnlichen durch Datura Stramonium in Brotmehl hervorgerufenen Massenvergiftung. Klin. Wschr. 27 (1949), S. 672

STÄHLIN, A.: Handbuch der landwirtschaftlichen Versuchs- u. Untersuchungsmethodik, Bd. XII. Die Beurteilung der Futtermittel. Radebeul und Berlin, Neumann-Verl., 1957, S. 530

Anschrift der Verfasser

Vet.-Rat Dr. GÜNTHER HEIDER und Dr. ERWIN PRUSAS
Institut für Geflügelkrankheiten der Humboldt-Universität zu Berlin
104 Berlin 4, Hannoversche Str. 28/29

81027

FSC
www.fsc.org
MIX
Papier | Fördert gute Waldnutzung
FSC® C083411

Zeitfracht Medien GmbH
Ferdinand-Jühlke-Straße 7
99095 Erfurt, Deutschland
produktsicherheit@kolibri360.de